大白话讲透
逻辑学

丁毓峰 / 编著

U0911222

化学工业出版社
·北京·

内容简介

本书是写给普通读者的逻辑入门书。全书分为两篇：第一篇从逻辑小故事出发带领读者进入逻辑的殿堂，以浅显易懂的小故事所蕴含的哲理引出逻辑基本知识，包括概念、命题、推理、论证、逻辑谬论等逻辑学基本内容；第二篇主要是和生活相关的逻辑故事，按照反语、严谨的推理逻辑、生活中的逻辑思维、巧妙的演绎推理工具、归纳和类比逻辑推理、谈判逻辑、矛盾律、排中律、生活中的小逻辑和智力思维小游戏等专题进行组织，在故事中用生活细节讲解逻辑，教人如何清晰思考。

书中每个故事都有很强的趣味性，读者可以在阅读故事的同时轻松掌握逻辑基础知识，并且学会如何使用逻辑工具处理实际问题。

图书在版编目（CIP）数据

大白话讲透逻辑学 / 丁毓峰编著. -- 北京 : 化学工业出版社, 2025. 5. -- ISBN 978-7-122-47467-4

Ⅰ. B81-49

中国国家版本馆 CIP 数据核字第 2025WF3584 号

责任编辑：罗　琨　　　　文字编辑：史燕妮　杨振美
责任校对：张茜越　　　　正文设计：韩　飞

出版发行：化学工业出版社
（北京市东城区青年湖南街 13 号　邮政编码 100011）
印　　装：三河市双峰印刷装订有限公司
880mm×1230mm　1/32　印张 8¾　字数 151 千字
2026 年 3 月北京第 1 版 第 1 次印刷

购书咨询：010-64518888　　　　售后服务：010-64518899
网　　址：http://www.cip.com.cn
凡购买本书，如有缺损质量问题，本社销售中心负责调换。

定　　价：52.00 元

版权所有　违者必究

前言

什么是逻辑？这是一个简单却不易回答的问题。逻辑实际上是人们通过概念、判断、推理、论证来理解和区分客观世界的思维过程。在日常生活中，我们遇到一个展现出强大逻辑推理能力的人时，往往会不自觉地产生敬佩之情。每个人其实都想成为一个逻辑思维能力强的智者，那么人的逻辑思维能力是如何来的呢？实际上，一个人的逻辑思维能力并不是一下子就能培养起来的，这需要一个长期的训练过程。

世界上的事物千变万化。从本质上看，事物之间虽然存在着差别，但同时又有着千丝万缕的联系。通过类比、归纳、演绎，对相关知识进行比较，可以构建一个人完整的逻辑知识体系，同时也可以发展多极化的思维方式，从而有效地促进思维的发展，克服思维定式。

在生活中，我们每天都会接触到形形色色的关于医疗、教育、投资、广告等各行各业、方方面面的说辞，很多说辞乍一听貌似很合理，但是仔细分析后会发现有的含糊不清、模棱两可，故意糊弄读者和观众，有的为了达到营利的目的，偷换概念，更有甚者，言论本身就是谎言。在如今信息爆炸的时代，每天我们都要接触大量的信息，在茫茫的信息海洋中，只有不断改进思维方式，才能学会用清醒的头脑辨别真假，面对纷繁复杂的现象以及社会环境，才不会无所适从，能够过滤出准确的对自己有价值的信息，做到有的放矢。这样才能在工作和学习中不断提升效率，勇于创新，从而更好地解决和处理生活和工作中的难题。

天上不会掉馅饼，老天总是钟爱有准备的人，只有有目的、有计划地进行思维训练，才能不断提高逻辑思维能力，真正成为一个有智慧的人。相信读完这本书后，您的逻辑思维能力和整体素质都会有一个质的飞跃！

本书由丁毓峰统筹编写，参与编写的还有项宇峰、陈冠军、张燕、吴金艳、杨锐丽、鲍洁、王小龙、李亚杰、张彦梅、刘媛媛、李亚伟、鲍凯、张晶、宋强。由于编者水平有限，书中难免有些疏漏之处，敬请广大读者批评指正！

目 录

第一篇 逻辑学基本原理

第二篇 逻辑学故事趣话

第十四章　含含糊糊，模棱两可可不行——排中律的守则 // 193

第十五章　用逻辑的利器分析生活——生活逻辑助成长 // 202

第一篇

逻辑学基本原理

第一章 好玩的开始

提到逻辑学，很多人认为逻辑离我们很远，逻辑与生活毫不相干。真的毫无关系吗？实际上逻辑与生活不仅有关系，而且二者之间是息息相关的。为了更好地使用逻辑学解决生活中的实际问题，我们需要学习和了解一些简单的逻辑知识。本章将从两个生活中的例子出发，看看如何运用逻辑知识帮助我们解决问题。

第一节　住店优惠——1 元钱去哪儿了

暑假的时候，老丁的大学同学聚会在哈尔滨举行。聚会期间，为了活跃席间气氛，主持人老李要求每个人轮流讲个智力小故事让大家猜，猜中有奖。同学老张讲了这么个故事。

故事发生在华中地区，某种子公司的三个销售员去湖北乡间销售新改良的种子，在乡下已经停留了很多天。一天，天色已晚，销售员们行色疲惫，由于种子销售得不太理想，囊中羞涩，于是只好在乡间选择了一家比较简陋的小旅馆准备住宿。一问柜台的服务员，正好有个三人间，服务员说三人间每晚 30 元，三人住店的话，每人每晚只需要 10 元。三个销售员听了很高兴："嗨，真的很便宜，这个价格可以接受！"于是每人都交了 10 元，办完登记手续，拿了钥匙，找到房间高高兴兴住了进去。

收钱后，服务员把钱交给了财务小张。小张说："老板早上交代过了，今天他过生日，所以对住店旅客打折，每个房间优惠 5 元钱。你帮忙把钱返给他们吧。"服务员接过 5 元钱，边往他们住的房间走边想："这 5 元钱，都给他们，太便宜他们了。他们也不知道今天老板过生日房费会打折，不如我留下 2 元，给他们每人退 1 元钱。这样我就可以轻松赚 2 元钱了。"算计好，他就来到客房敲开门，说今天门店优惠，1 人优惠 1 元钱，三个销售员高高兴兴接过钱，一边讨论白天的销售问题，一边准备睡觉。

晚上 11 点，服务员关门闭店，也准备上床睡觉了。他哼着小曲，很高兴今天赚了笔外快，可是算着算着突然发现不对劲："我退给他们 1 人 1 元钱，他们 1 人花 9 元钱，一共应该是 27 元，再加上我自己偷偷留下的 2 元，应该一共是 29 元。可刚开始住店的时候他们明明交了 30 元钱啊，那剩下的 1 元钱去哪儿了呢？”服务员翻来覆去怎么想也想不通，这件事害得他一宿都没睡着。

讲完故事后，老张喝了口水，说：“请大家解释下那 1 元钱去哪儿了。”大家都蒙了，都在盘算：按照店里服务员的算法计算没错啊，但是为什么就是少了 1 元钱呢?

看到这里大家发现问题了吗？实际上退钱后，每人出 9 元，共 27 元。但是不能用这个 27 元加上 2 元计算，而是应按店里得了 25 元，服务员自己拿了 2 元，三个销售员每人又收到了 1 元，加起来还是最初他们付的 30 元来计算。具体计算可以参见图 1-1。

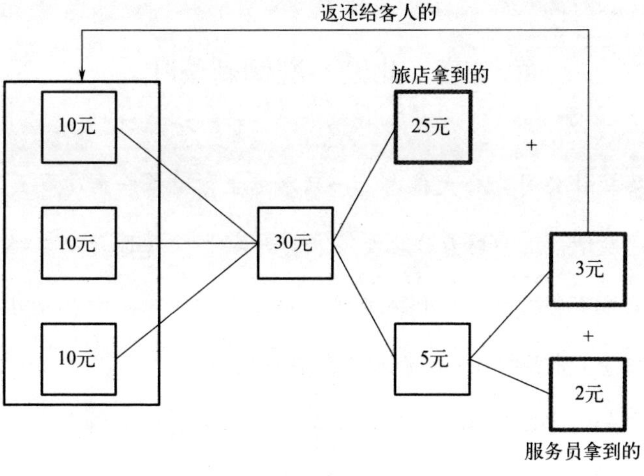

(a) 正确的计算

图 1-1

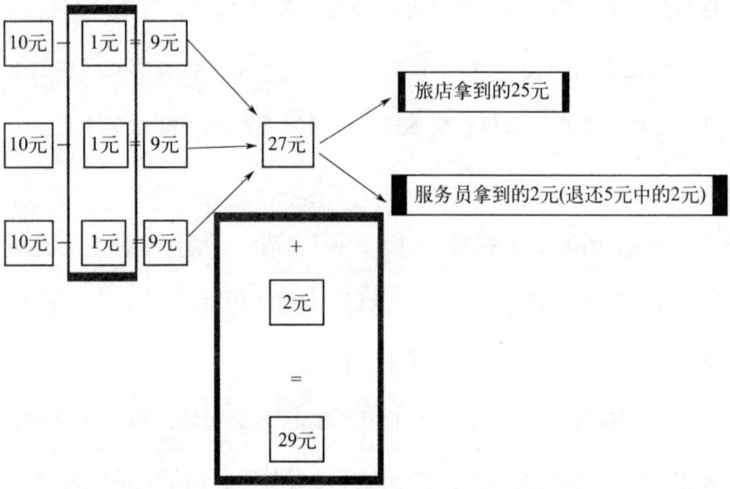

(b) 服务员的计算

图 1-1 “1 元钱去哪儿了”的计算示意图

第二节 此处不准倒剩茶叶

某软件公司办公大楼内，一只水槽上方贴着一张印有大字的彩色硬纸，上面写着“此处不准倒剩茶叶”。原因是以前经常有人将带有茶叶的茶水倒入水槽，导致水槽堵塞，所以公司办公室主任小张就打印了这张硬纸贴在这里。

中午吃完饭休息时，围绕这句话，公司的员工们展开了辩论。小汪说：“这句话太有歧义了，你们看纸上说‘此处不准倒剩茶叶’，也就是说，可以倒好茶叶或者新鲜茶叶。”小刘说：

“你这是什么话，你理解错了，你理解得太片面。这句话的意思是，除了剩茶叶之外，其他剩饭剩菜什么的都可以往里面倒。”听他们这么说，小张不乐意了，说：“胡说八道，你们两人都是在瞎说。”小张对他们说：“你们知道错在哪里吗？”小孙抢着说：“他们的话都不符合事实。”小刘摇了摇头说：“这不属于事实问题，而是属于逻辑问题。他们两人的话都不符合逻辑。”那么小张应该如何通过逻辑分析指出他们的问题呢？

让我们简单总结一下。

小汪的推理是：

剩茶叶是不能在此处倒的，

好茶叶或新鲜茶叶不是剩茶叶，

所以，好茶叶或新鲜茶叶不是不能在此处倒的（即好茶叶或新鲜茶叶可以在此处倒）。

小刘的推理是：

剩茶叶是不能在此处倒的，

除了剩茶叶之外的东西都不是剩茶叶，

所以，除了剩茶叶之外的东西都不是不能在此处倒的（即除了剩茶叶之外的东西都可以在此处倒）。

这里，小汪和小刘都没有从最佳关联的角度对话语进行理解，而是断章取义，歪曲了所贴标语的本意，依照个人的意图对话语进行了诡辩。

碰到喜欢这样诡辩的人，小张根据自己掌握的逻辑学知识，指出他们犯了三段论推理的“大项不当扩大”的错误。小张说：“之所以写‘剩茶叶’，是因为以前有人多次乱倒剩茶叶导致水槽堵塞。这里的‘剩茶叶’不是只指剩茶叶，而是代指剩菜剩饭、卫生纸及其他杂物等所有可能堵塞下水道的东西。因为不可能写得那么详细，所以这样写。你们不能根据自己的意思随意扩大‘剩茶叶’的定义范围，胡搅蛮缠。”说到这，小汪和小刘吐了下舌头，面面相觑，灰溜溜地走开了。

从以上两个小例子我们可以发现，凡是有思维活动的地方，就会有逻辑学。逻辑学为我们正确地进行思维活动提供了规范。在日常生活中，如果不遵守逻辑学的规范，违反逻辑思维规律，就不可能正确地进行思维活动。

掌握逻辑学所揭示的正确的推理形式和科学的逻辑方法，有助于人们从已有的认识中得到新的认识。对于需要大量分析、推理、统计、预测的工作，逻辑学的作用就会更突出。在生活中我们能经常体会到逻辑学带给我们的便利。学习如何很好地把逻辑学知识运用到我们的生活中，对以后的生活及发展都有重要意义。

第二章
概念：给事物贴上标签

对问题的一切思考和分析都需要有个起点，所以通常需要对思考和研究的对象下个定义，明确其特有的属性。比如说，什么是汽车？汽车就是指以汽油、柴油、天然气等燃料或者以电池、太阳能等新型能源为动力的运输工具，一般具有四个或四个以上车轮，不依靠轨道或架线而在陆地上行驶的车辆。我们以“贴标签”的方式定义事物，通过概念以及相关属性可以明确事物之间的区别，为下一步深入研究打下基础。

第一节　偷换概念

什么是偷换概念？偷换概念是将一些看起来一样的概念进

行偷换，实际上改变了概念的修饰语、适用范围。偷换概念是歪曲言论的逻辑谬误。在辩论中，诡辩者通常利用偷换概念的方法使得对方的言论更容易被推翻，从而达到获胜的目的。

偷换概念就是用狡辩的手法，将一个事物的原意换成另外一种含义，很多成语如“偷梁换柱”“浑水摸鱼”“以假乱真”等都有偷换概念的意思，指通过混淆是非的手法，把假的搞成真的，转移对方的注意力，以达到某种目的。

在现实生活中，经常会有偷换概念的情况发生。例如，张某喜欢打麻将，经常半夜还灯火通明，打得火热，楼下邻居李先生不堪其扰，某天上楼敲门劝说：“你们打麻将的声音太大了，能不能注意下时间，不要打搅别人休息。”张某听完不高兴地说：“你说我们打搅的是别人，又没有打搅你。”这里张某的说法正确吗？很明显张某将“别人”的概念偷换了，说李先生不是别人，从而给自己找借口，这就是不讲道理、胡搅蛮缠的做法。

在生活中，我们经常需要购买各种商品，很多企业或者商场为了自己的利益或者产品销售，经常会做偷换概念的事，例如某些商场和超市故意把“特卖品”与“处理品”相混淆，让顾客误以为占了便宜。其实它们是不同的。“特卖品”打折往往是因为过季、断档等原因，其使用性能一般没有瑕疵，因而不是“处理品”，消费者购买后享有与“正价品”相同的“三包”权利。“处理品”则无法享有与“正价品”相同的“三包”

权利。消费者一定要擦亮眼睛，防止上当受骗。下面我们再看一个例子。

近日，商品房的销售情况不好，为了促销，某知名房企的售楼广告上赫然写着“90% 实用率”的字样。“90% 实用率”是什么意思？这个概念有点陌生，又有点熟悉。老张看到广告之后感觉这么高的实用率，一定是房子设计得好。为了搞清楚实用率是怎么计算的，老张来到售楼处，根据自己的购买意向挑选了 3 种 100 平方米左右的户型，建筑面积分别为 87.97 平方米、97.12 平方米和 105.17 平方米。挑选后他问销售人员这几种户型的实用率是多少。销售人员告诉老张，实用面积的计算方法是建筑面积乘 0.9，至于使用面积，以交房时实测为准，误差应该在户型图所标面积的 ± 3% 的范围内。老张心存疑虑：如此高的实用率，使用率是否也很高呢？根据网上已购买业主提供的户型图，他拿出计算器一算，这 3 套房子的使用率分别为 84.6%、77.1% 和 78.2%，平均使用率只约为 80%，那么买房应该看实用率还是使用率呢？

后来老张通过咨询和了解发现，房地产行业实际上根本就没有实用率的概念，开发商这样做是在偷换概念。根据《商品房销售面积计算及公用建筑面积分摊规则》，房屋套内建筑面积 = 套内使用面积 + 套内墙体面积 + 阳台建筑面积。所以单元房套内的使用面积应该是去掉阳台建筑面积和套内墙体面积后的面积。而房屋使用率的计算公式应为：套内使用面积 ÷ 商品房销售面积 ×100%。

实用率与使用率这两个指标只有一字之差，并且读音相近，但是根据上面的分析来看，二者数值差异很大。鉴于此，房地产开发商推出“实用率”这一新概念，实际上是利用偷换概念的方法进行销售，蒙骗消费者，使得消费者误以为买到了使用率很高的房子，这是涉及商业欺骗的行为！所以我们在日常生活中，应该勤于思考，当碰到类似的问题时，如果能掌握一些逻辑知识，多动脑，就不会轻易上当受骗了。

第二节　混淆概念

混淆概念在逻辑思维中是经常出现的情况，指在同一逻辑思维过程中，无意或者故意在不同意义上使用同一概念，或者将某些表面相似的不同概念当作同一概念使用而犯的逻辑错误。有些概念或者词语，如果混淆了其使用的范围或语境，也会造成概念的混淆。

在日常生活中，我们在超市、百货商场或者网上商城购物时，经常会碰到买一赠一的事情，例如：买大瓶装洗发水，送一包洗衣液，让你洗完头后可以接着洗衣服；买一个速溶咖啡礼盒，送一个咖啡杯，省得你用喝汤的大碗来喝咖啡，显得没品位；在营业厅预存手机话费一年，送一台新手机，等于白捡了一台手机，挺实惠（当然每月是有最低消费的，比如月最低消费 159 元，达不到这个数额，也按这个数额扣，运营商可不做亏本的买卖！）。另外还有拍婚纱照送蜜月旅行等各种促销活动。

可是这些促销活动和国内某房地产公司买一赠一的活动相比，那还真是小巫见大巫了。房地产公司打出了什么样的促销活动呢？买房子送装修吗？你落伍了，是买房送老婆！据说广告一登出，售楼电话立马成为热线电话，打都打不进去，很多人干脆直接去了售楼处。我们知道，当今社会很多年轻人还是单身，家里着急的有时会网上征友、电视征婚一起上，无外乎想给家中适龄的孩子找一个好老婆！

但是房地产商的促销活动也太伤风败俗了，记者获得该信息后，立刻赶到售楼处将其作为热点事件进行采访。被逼急了的房地产公司最后坦白自己说的意思是——买来房子送给老婆。噢！原来是这么回事！这里“买房送老婆”的广告语涉嫌有意混淆、偷换概念，属于引人误解的宣传行为。主管部门应该严加审核，制止开发商在广告用词上偷换概念，一些夸大服务效果、吹嘘产品质量等方面的偷换概念行为更应该明令杜绝，绝不姑息，否则，一旦形成风气，再控制就难了。

第三节　概念的明确

概念必须明确。概念如果不明确，人们就会无所适从，无法进行交流。所谓明确概念，就是要明确概念的内涵和外延。换句话说，只有明确了概念的内涵和外延，概念才算明确。明确概念的方法有限制、概括、定义和划分等。

比如，在现在的生活中，随着网络的快速普及以及QQ、微信、微博等社交工具的广泛使用，各种网络用语随处可见，很多年轻人将在生活中使用网络语言作为一种时尚。例如马甲、菜鸟、灌水、拍砖、东东等网络用语，已经不是词语概念本来的含义了，或者说词语概念的含义已经不明确了。这些词的概念不仅不明确，有时候甚至让人产生误解。鉴于此，相关部门曾经专门颁布了规定，明确提出在国家机关公文、教科书不得使用不符合现代汉语词汇和语法规范的网络语言。在网络语言不得不出现时，也应该明确注明它的中文含义。

如果人们故意无视这种约定俗成的规定，故意撇开概念特定的范围，人际沟通的理据性原则和通用性原则就会遭到破坏，就会被故意模糊语境的诡辩者或者有着不可告人目的的人钻空子。

报纸上曾有过这样一则新闻报道。

在改革开放初期，某市下属的一个单位将一栋二层楼的公房经过招标后拍卖，以三万元的价钱卖给了个体户王某。5年之后，该地段进行商品房开发，这栋楼房需要拆迁，按照政策规定王某可以领到十多万元的拆迁补偿费。该单位一看眼红了，以当年拍卖的不是整栋楼房，只是大楼底层的四间房为由，将王某告上了法庭，要求他返还十多万元的"不当得利"。但是法院的法官经过详细调查后发现：当年确实是以整栋楼房进行招标拍卖以及签订合同的；当地房屋买卖习惯以底层的房间数作为买卖登记的房间数。根据这些证据，法院判决王某胜诉，该单位败诉，王某的所得属于"正当得利"。

法院的判决还原了特定概念的特定语境（"当地房屋买卖习惯以底层的房间数作为买卖登记的房间数"），从而拆穿了该单位的诡辩。从这个故事中我们可以发现，正确而有效的沟通，要求所使用的概念具有确定的同一性。只有做到了这一点，才能避免由于概念不清造成误会，拆穿故意模糊有关概念的狡辩，真正地做到正本清源。

第四节　概念的限制和概括

概念的限制有利于人们深化认识，具体、准确地表达思想，恰如其分地反映客观事物。概念需要限制的一定要限制，这样才能使概念明确。如果该限制的不限制，就会引起思想混乱，被人钻空子。

在日常生活中我们也常用概念限制的方法，使认识越来越具体。请看这样一个对话。

某日，在上午第二节课和第三节课的课间休息时，初一（4）班文艺委员张澜对全班同学说："今天放学以后不要马上回家，有活动。"

同学甲问："什么活动？"

张澜答："文娱活动。"

同学乙问："什么文娱活动？"

张澜答："看电影。"

同学丙问："看什么电影？"

张澜答："看国产电影。"

同学丁问："什么国产电影？"

张澜答：“《开国大典》。”

这位文艺委员在回答的过程中，一直在不断地对概念进行限制，使活动内容越来越具体。同学知道了活动的具体内容后也就不必再问了。

巧妙地运用概念的限制及概括，有助于语言表达。有一则关于写信的故事就是巧妙地运用了概念的限制及概括特征。

王伟周末去找张琪玩，发现张琪坐在书桌前，眉头紧锁，仿佛在思考什么问题，桌子上放着纸和笔。王伟问：“张琪，你干嘛坐着发呆啊？我们出去玩吧。”“不行啊，我准备写信呢！”“那你为什么不快点写？写完我们一起出去玩。”“哎！问题是这封信我不知道怎么写！情况是这样的，我姑妈上个月给我寄来一件生日礼物。现在我想写一封信表示感谢，但我忘记是什么礼物了。怎么写啊？”王伟想了一下，突然笑嘻嘻地说：“有了，我告诉你，你可以这样写：‘亲爱的姑妈，谢谢您寄给我的极好的礼物。您送给我的礼物，正是我一直想要的，谢谢您！祝您健康！’”“哇，搞定了，你真牛！”张琪兴奋地说。他高高兴兴写完信，和王伟一起打球去了。

在这个故事里面，张琪因为忘记了姑妈送的是什么礼物而无法回复信件。但是王伟将这一具体礼物概括成“极好的礼物”，就非常巧妙地解决了这一难题，这样张琪的姑妈收到信件后也能理解张琪的意思。

第五节　词语的歧义

所谓“歧义”，就是同一词语或者句子有两个或多个意思，或者说，一句话的语义可作两种或多种解释。例如，“我有一个红花布袋”这个句子，可以有以下四种理解：

① 我有一个装药材藏红花的布袋；

② 我有一个红色的花布布袋；

③ 我有一个印着红花的布袋；

④ 我有一个装有红色花朵的布袋。

在日常生活中，我们通常希望一句话明确地表示一个意思，只有一种理解，这样才能保证听者能够准确地理解话中的意思。但在实际的交谈中，词语歧义的现象相当普遍。有时候，有些人故意地说模棱两可的话，或者让人理解错误的话，导致别人判断不明确。有一个经典的比较有意思的故事，讲述了一位能说会道的媒婆故意使用不明确的概念，使相亲的男女双方产生误解，从而促成婚姻。

在旧社会，由于社会制度和体制的束缚，男女双方很难自由恋爱并结婚，通常由媒婆介绍男女双方认识，然后相亲，相亲成功后才会谈婚论嫁。有个媒婆给一对男女说媒。在介绍当事人双方的时候，媒婆对男孩说："这个女孩条件不错，什么都好，就是有点儿嘴不严。"男孩听后没多想，认为嘴不严肯定是喜欢说闲话喽，觉得女孩子喜欢讲点闲话也正常，同意见面相亲。媒婆又跑到女孩子家对女孩说："这个男孩没说的，很棒，过日子真是一把好手。"女孩听了，觉得碰到了会过日子的好男人，当然高兴，也同意相亲。当他们在媒婆的安排下见面时，媒婆故意不让他们近距离接触，只让他们远远地互相望了几眼。女孩看到男孩子倒背一只手，长得还挺英俊。男孩看到女孩子拿着一个手帕捂着嘴，羞羞答答，看起来也很端庄漂亮。

两个人对对方都非常满意，同意结婚，然而等到两人正式结婚、入洞房的时候，女孩发现英俊的男孩竟然一只手有残疾，男孩也发现那个"羞羞答答"的女孩原来是个豁嘴。两个人都很生气，去找媒婆说她欺骗了他们。媒婆却理直气壮地说："你们不能责怪我，我早就清楚地告诉你们了，一个是'有点儿嘴不严'，一个是'一把好手'。并且你们也见过面，自己亲眼看到才同意结婚的，怎么找起我的麻烦了？"

那么这个故事里面的媒婆说错了吗？其实媒婆并没有胡说。但是，她在介绍双方特征的时候，狡猾地利用了语言的模糊性。她利用一个词语可以有很多个含义的特点，把不同语境中概念的含义搅合在一起，让听者误会，从而达到了她的目的。由于这两个人当初没有仔细追究，所以当媒婆解释时，他们也只能哑口无言。

第三章 命题：对错真假的判定

命题会在日常生活中经常用到，它是指一个语义，即实际表达的概念，这个概念是可以被定义并被观察到的现象。命题不是指判断本身。当相异判断（陈述）具有相同语义的时候，它们表达相同的命题。例如，“盐是白色的”（汉语）和“Salt is white”（英语）从命题的角度来看是不同的判断，但它们表达的命题是相同的。在同一种语言中，两个相异判断也可能表达相同命题。例如，刚才的命题也可以说成“咸盐的小结晶是白色的”，判定是不是相同命题，取决于咸盐的小结晶可视为盐的定义是否有效。

第一节　命题与语句

语句包括很多种类，例如陈述句、疑问句、祈使句等。命题是一类特定的语句，基本格式是“如果……那么……”这样的形式。命题和语句的关系有以下几种情况。

（1）同一个语句可以表示不同的命题

在日常生活中，我们经常遇到同一个语句表示不同命题的情况。比如，“一个 8 岁的华师附小的小姑娘在火车上画画”这句话，可以有两种理解，可以表示“一个 8 岁的小姑娘坐在火车座位上画画”，也可以表示“小姑娘将画画在火车上”。又如女儿上小学，爸爸和妈妈要上班，所以中午安排她在托管处吃饭和睡午觉，昨天妈妈问女儿“中午怎么睡的？”，女儿说在床上睡的，实际上妈妈想问的是托管处有很多孩子，中午怎么安排房间，在哪个房间，和哪些孩子一起睡的。但是女儿没理解，就直接说在床上睡的。所以在生活中为了避免误解，必须认真分析说话者所处的场景，才能准确理解语句所表示的命题。

同一个语句可以表示不同命题，如果没有搞清楚语言的应用场景，就会产生误解。例如有这样一个小故事：

一位老太太在市中心的某百货商店化妆品柜台买好了需要的化妆品，离开了大约一个小时后又匆匆忙忙回来了，她气喘吁吁地对营业员说："小姑娘，你好！刚才我在你这里买化妆品，你还记得吗？"营业员看看老太太，奇怪地说："是的，我记得，你还有什么事情吗？""你刚才在找钱时算错了30元钱。"老太太回答说。"那你当时为什么没有发现？"听到这里，营业员小姐立刻沉下了脸。"当时我没有注意，回家后才发现的。"老太太解释道。"现在你来找我，过去这么长时间了，怎么弄得清楚呢？"营业员小姐不高兴地说。老太太问："真的弄不清楚了吗？""真的弄不清楚了，"营业员小姐摇了摇头，摆出一副不容商量的架势说，"你找我们的领导都没有用，因为已经说不清楚了！""那好，"老太太平静地说，"那我就只好收下这30元钱了！""什么？我多找了您30元钱！"营业员小姐一听急了，"您怎么不早说呢？"说着，她马上换上一副笑脸说："对不起！阿姨，我刚才态度不好，请您原谅！"

这个故事是如何使用同一语言表示不同命题的呢？是使用了"找钱时算错了30元钱"这一语句，这一语句有两种解释，既可表示“营业员在找钱时多给了顾客30元钱”，也可表示“营业员在找钱时少给了顾客 30 元钱”。老太太说这句话时，想要表达的是“营业员多给了 30 元钱”，营业员却认为老太太的意思是“自己多收了 30 元钱”，于是出现了上面一幕。

（2）不同的语句可以表示同一命题

同一命题可以用不同的语句来表示，这可以使写作或者观点表达更加生动活泼，富于变化。运用不同语句来表示同一命题，还可以将不便直说的命题委婉含蓄地表述出来。有这样一个故事：

法官布洛肯布鲁与将军约克逊是很要好的朋友。一天晚上，布洛肯布鲁到约克逊家中做客，饭后闲聊时，法官突然很想知道将军掌握的军事机密，于是问将军陆军新的信息化作战方案和策略是什么样子的。将军很为难，因为这是军事机密，是不能泄露的，但他如果不说可能会使法官很难堪。将军有些着急，想了一会儿，突然他脑海中灵光一现，有了主意。他说：“老弟，那你能绝对保守这个秘密吗？”“将军，那当然了！我完全能够保守秘密，你放心好了，我不会告诉任何人。”法官说。“那太好了！我也能够保守这个秘密呀！”他们互相对视了一下，同时哈哈哈地笑了起来。

故事中，将军的话“那你能绝对保守这个秘密吗？”就属于不同语句表示同一命题的巧用，达到了既保守秘密又不使好友难堪的目的。不同语句表示同一命题的巧用，还可使表达得体，语言优美、幽默。既然不同语句可以表示同一命题，在日常谈话时，就不要像是吃了火药似的专门说难听的话，而是应该尽量选择优美的、容易让人接受的语句来表达。例如小区的标语“禁止践踏草地”让人觉得很生硬，如果写“小草睡着了，请不要打扰她”则会让人觉得优雅、亲切，更容易被接受。

（3）并非一定需要语句来表达命题

在一些特定的场景中，一个标点符号，一个词，一个动作，都可以非常好地表达命题。

据说，世界大文豪、法国大作家雨果，在完成《悲惨世界》后，信心满满地将书稿邮寄给了出版社，此后他每天都去看信箱是否有出版社的回信，但总是失望而归。经过长达三个月的等待后，雨果终于按捺不住了，给出版社写了一封信，信的正文没有写任何文字，只写了一个大大的问号“？”。这次令雨果很高兴的是，出版社收到信后很快就回复了，信的正文只有一个叹号“！”。

在收到信件后不久，《悲惨世界》在法国出版了，一经出版即引起了巨大反响，成为当年最畅销的图书之一，并成为震撼文坛的世界名著。上面故事中的两封信虽然都只有一个标点符号，但它们表达的意思很清楚。雨果问的是：“我的作品能不能发表？需要修改吗？”出版社的回答是：“你的作品太棒了，很有震撼力，一定会出版。”在这个故事中，作家雨果使用问号来表达疑问，而出版社用一个叹号表达了他们的回复。

第二节　选言命题：赖账的律师

选言命题是反映事物的若干种情况或者性质至少有一种存在的命题。根据选言之间是否具有并存关系，可分为相容选言命题和不相容选言命题。例如：

① 这一批小电饭煲滞销无人问津的原因可能是质量低劣，也可能是价格不合理。

② 职场上很多人为争名夺利打得头破血流，抱着不是鱼死就是网破的心态是不可取的。

选言命题所反映事物的若干种情况或性质，有的是可以并存的，如①中小电饭煲滞销，“质量低劣”和“价格不合理”这两个可能原因是可以共存的，所以属于相容选言命题。有的则是不会共存的，如②中的“鱼死”和“网破”这两种情况不会共存，属于不相容选言命题。有这样一个故事：

有位律师以赖账出名。收钱的时候总是很积极，但是欠别人账的时候总是赖账，一拖再拖。一天，律师的妻子突发心脏病，很快进入病危状态。律师赶紧让人去请医生，医生来了后，他对请来的医生说：“您赶快想方设法抢救她，无论您是救活了她，还是误诊医死了她，我都将付给您全部的急救酬金。”医生以前听说过这个律师经常赖账，但今天看他说话的架势还不错，于是对其妻子进行了全力抢救，但终因病情太重，医生无力回天。医生略表歉意后离开了，过了几天他来到律师办公室要求付酬。

律师不高兴地问：“是您误诊医死的吗？”

“不，”医生说，“是您的太太病情太重，我的诊断和用药都没有错。”

律师又问：“那么，您把她救活了？”

“没有救活，”医生解释道，“我已经尽力了，但是她的病情实在是太重了，我没有办法。”

“对不起，那我就不付给你酬金了，”律师说，“既然您没能把她给救活，也没有误诊医死了她，根据之前的保证，我是不用付酬的。”

律师是怎么狡猾地赖账的呢？我们分析一下。律师的辩说如下：如果你误诊医死了她，我将付酬金；如果你救活了她，我也将付酬金。这是律师的所谓付酬金的前提条件。但是如果医生没有误诊医死她，也没有救活她，律师就不用付酬金。按照常理来看，律师是狡辩者，不讲理的人。他这种说法就是利用了相容选言命题的方式。除了选言命题，律师的说法也不符合二难推理的推理规则，他错误地采用二难术来发难，从而达到赖账的目的。

什么是二难推理呢？二难推理是一种常用的逻辑推理形式。所谓二难推理是由两个假言判断和一个有两个选言分支的选言判断做前提构成的推理方法，是假言选言推理的主要形式。其结论是直言判断或者是选言判断。这种推理有时反映了左右为难的困境，故称二难推理。故事中由于医生的警惕性不高，律师故意遗漏必不可少的一个重要选言分支“因病情太严重，抢救无效而死亡，必须付急救酬金”，通过这种方式达到了赖账的目的。

第三节　骗子的假言命题

著名的物理学家爱因斯坦成名后经常到世界各地讲学，讲解相对论的含义和用途。据说在 1933 年的某一天，爱因斯坦来到一所大企业的工人技能培训学院讲学。讲学中间休息时，一位中年工人好奇地问："爱因斯坦教授，听说您创立的相对论非常高深难懂，世界上只有十几个人懂，是这样的吗？您能简单地给我们解释解释相对论究竟是什么意思吗？"爱因斯坦喝了口水，慢悠悠地说："呵，那不过是夸张的说法。"然后他风趣地解释说："其实也很容易理解，我给你们举个例子吧。如果你在一个漂亮姑娘身旁坐一个小时，你会只觉得坐了几分钟；反之，如果你坐在一个热火炉上，几分钟就像是一个小时一样难过。这就是相对论的意思。"

在这个故事中，爱因斯坦巧妙地使用了两个假言命题，深入浅出地向工人讲解了相对论的含义。那什么是假言命题呢？

假言命题也称作条件命题，就是陈述某一事物的存在（或不存在）是另一事物存在（或不存在）的条件的命题形式。例如：夏天雨季的时候如果持续几天下暴雨的话，长江就会涨水。这里持续几天下暴雨是涨水的条件。假言命题陈述的是两个事物之间的条件关系。安徒生童话中一个关于骗子的故事就是假言命题的典型案例。

有一位皇帝非常爱美，他非常喜欢穿好看的新衣服。他为了穿得漂亮，几乎把所有的钱都花在购买新衣服上了。这可是一个赚皇帝钱的好机会。有一天来了两个制衣高手（实际上是骗子）。他们说自己做的衣服是全世界最漂亮的，但是凡是不称职的人或者愚蠢的人都看不见这些衣服。皇帝很高兴，马上付了很多钱给他们，叫他们立刻开始工作，快快地把衣服做出来。他们将皇帝派人送过来的最好的生丝和金子装进自己的腰包，假装织布，每天忙到深夜。

几天过去了，皇帝很关心制衣的进展情况，但是怕自己看不到新衣，不敢去，只好先后派了诚实的内勤老部长和一个负责采购的官员去了解情况，这两个官员去了骗子那里，听骗子描绘着衣服的漂亮和美丽。但这两个可怜的官员却发现自己什么都没有看见，这让他们担心自己是愚蠢的人，只好向皇帝汇报说自己看到了超级美丽的衣服。最后骗子的衣服织好了，拿给皇帝看，皇帝吓傻了，他什么也没有看见！为了表明自己并不愚蠢，他只能跟着骗子一起夸奖衣服的美丽。最后皇帝光着身子在大街上游行。骗子获得了高额报酬，而皇帝遭到了百姓的嘲笑。

骗子是怎么成功地欺骗了大家呢？皇帝和大臣们明明什么也没有看见，为什么硬说自己看见了漂亮的“新衣”？因为他们相信了骗子的话——“凡是不称职的人或者愚蠢的人都看不见这些衣服”，害怕别人说自己是不称职的，是笨蛋。实际上，骗子的话就是一个假言命题，因为它的前提与结论并不存在必然的联系，即“凡是不称职的人或者愚蠢的人”不是“都看不见这些衣服”的必要条件。无论称不称职，也无论愚蠢与否，都不会看不见新衣。骗子把非条件关系说成条件关系，使皇帝和大臣们出尽了洋相，是对皇帝和大臣的巨大讽刺。

第四节 真命题和假命题

判断一件事情的句子叫作命题。反之，如果一个句子没有对某件事情做出任何判断，它就不是命题。句子含义正确的命题叫真命题，不正确的命题是假命题。有一个数学老师和学生讨论真假命题的小故事：

老师：“‘真棒！’是命题吗？”

全班同学：“不是。”

老师：“‘你真棒！’是不是命题？”

全班同学：“是。”

这时，学生王天乐说：“老师，‘我真棒！’是命题。”

老师：“‘王天乐真棒’，是不是真命题呢？”

全班同学大叫：“假命题。”

老师笑了，学生也都笑了。王天乐觉得很不好意思。

老师：“其实，王天乐在今年春天学校运动会上的表现确实很棒，参加的短跑、铅球项目为咱们班挣了不少分，还参加了4×100米接力。你们说‘王天乐真棒’是假命题吗？”

全班同学：“真命题。”

老师：“如果王天乐在课堂上也能表现得和在运动场上一样，‘王天乐真棒’还是真命题。王天乐，你能做到吗？”

王天乐：“我能做到！”

“王天乐真棒”是真命题吗？这个小故事里面的老师也真的很棒，他通过这个和大家密切相关的事情讲解真假命题，不仅让孩子们积极地参与讨论，而且让孩子们发现数学并不是枯燥的，让学生们很容易地掌握了真假命题的概念。

第五节　智用隐含命题

隐含命题指的是在表达或者陈述自己的观点时通常隐含地表达，不用显而易见的方式表达，即在一个命题中包含另一个命题。碰到这种情形，不能被字句的表面意思所迷惑，需要认真思考和分析才能发现真正的含义。隐含命题是较难分析和辨识的命题。人们日常的交流中也常常在一句话中隐含着另一句话，一个命题中暗藏着另一个命题。“指桑骂槐”“秀色可餐”等都是具有隐含意义的成语。为了准确地把握对方想表达的意思，就要做到“听话听声，锣鼓听音”，懂得别人的“言外之意”和“弦外之音”，从表面的语句中听出里面所包含的另一层意思。有一个驼背老鼠的故事说的就是巧妙使用隐含命题的事情。

一位著名演员在一次电视访谈节目中说，自己以前在县城工作的时候，由于未婚，借住在一个旅馆里面。他说：“我住的旅馆所在的街区很杂乱，旅馆自身条件太差了，房间低矮，连老鼠都是驼背的。”不巧旅馆老板看到了这个节目，非常恼火，立即澄清说自己给这位先生提供了最好的房间，但是这位先生不仅不感谢他，反倒诋毁旅馆的声誉，影响了自己旅馆的形象，老板要告他诽谤。法院受理了此案，并向这位演员发送了传票，要他到法院调解。演员在收到法院的传票后，来到法院接受调解，旅馆老板要求，只要演员道歉更正就不再追究他的诽谤罪，演员怕事情闹大了不好收拾，同意道歉。于是，他在电视台发表声明说：“各位观众，上次我说过，我住的旅馆房间里的老鼠都是驼背的，这句话说错了。我向这位旅馆老板道歉。我现在郑重更正：那里的老鼠没有一只是驼背的。”

故事中的演员是怎么利用隐含命题的呢？表面上看他是真的道歉了，旅馆老板也达到了目的。但是实际上他所说的命题“那里的老鼠没有一只是驼背的”巧妙地隐含了另一个命题：我住的旅馆中有许多老鼠。他的话表面上是道歉和更正，实际上却巧妙地又一次强烈讽刺了旅馆，坚持了自己之前的观点。

在生活中懂得和善于发现、分析隐含命题，对做好自己的本职工作是很有帮助的。有一个故事证明了这一点。

在某火车站，一位旅客在候车厅的椅子上低头玩手机，准备从手提包里拿东西时，突然发现放在旁边椅子上的手提包不见了。他连忙抬头左右查看，看见前面有个瘦高个男人正拎着他的手提包往前走，他连忙冲上去喊道：“你为什么拿我的手提包？”那个人一愣，随即说：“噢，对不起，你的包和我的一样，我拿错了！”男人立刻将手提包还给了这位旅客，然后大步向大门口走去。铁路执勤民警老张看到了这一幕，发现不对劲，连忙赶上去拦住瘦高个男人并问道：“你自己的手提包呢？”那人顿时目瞪调查，说不出话来，于是老张将他带到车站派出所进行调查，发现那人原来是一个惯偷，经常在各个火车站内和火车上乘人不备顺手牵羊。

民警老张为什么会觉得不对劲，对这个人产生怀疑呢？老张推理的根据就是“我拿错了”这句回答。“你的包和我的一样，我拿错了”这个命题中实际上隐含另外一个命题：他应该拿自己的手提包。民警老张凭借自己丰富的经验，听出了这个隐含命题，同时他看到那个人将手提包归还之后没有去找自己的手提包，而是急匆匆地溜走，就发现了破绽，产生了怀疑，最后抓住一个惯偷。

第六节　天有多大的直言命题

直言命题是断定事物是否具有某种性质的简单命题，又称为性质命题。直言命题一般可表述为：所有（有的）*S*是（不是）*P*。以下几个例子都是直言命题。

① 汽车、电视、手机等商品都是通过劳动生产出来的产品。

② 有很多三角形是等腰三角形。

③ 哈佛大学和耶鲁大学都是世界一流大学。

④ 北京是中国的首都。

⑤ 武汉大学是国内最好的大学之一。

广为流传的井底之蛙的故事就涉及直言命题。

一条小河旁边有一口历史悠久的水井。有一天，河里的一只青蛙（简称河蛙）在玩耍时一不小心掉到了水井里，正琢磨着怎么回到小河里去的时候，碰到了井里的青蛙（简称井蛙），它们互通姓名，表示很高兴认识对方并交上了朋友。井蛙洋洋得意地对河蛙说：“天下我最能干了，既会跳又会蹦，可谓跳跃大王了。你看，这井里是我的地盘，其他小生物比如小虫啊，小鱼啊，小虾啊，都要乖乖地听我指挥，否则别想在这里混。”河蛙听了它的话直摇头。看到河蛙这个态度，井蛙很生气地说：“怎么，你不相信？不信的话，我指挥给你瞧瞧。”河蛙不屑地问：“你只知道吹牛，可是，你知道天有多大吗？”“天有多大？你怎么问这样愚蠢的问题？”井蛙目空一切地说，“你抬头看看上面啊，明摆着的嘛，天就是一个井口那么大！”“老兄，天只有一个井口大，这是不对的。天好大好大，一望无际呢！”“胡说！天怎么会比井口大呢？你骗谁啊？”井蛙指着井口说，“这怎么可能呢？”“我说你不信，这样好了，我告诉你一个办法，等到井水涨满的时候，我们跳出井去，你就明白了。”说到这里，两只青蛙见谁也说服不了谁，都自己生闷气去了，谁也不理谁了。下雨的季节到了，终于有一天，暴风雨后井水涨起来了，河蛙和井蛙一起跳出了水井。井蛙抬头一看，吓傻了：“哇！我的妈呀，天竟然真的有这么大呀！对不起啊，河蛙，我错了。”井蛙想起自己在井里盛气凌人、好笑的样子，不好意思地低下了头。

井蛙最后为什么不好意思了呢？故事中，在“天有多大”这个问题上，井蛙运用了一个直言命题——“天就是一个井口那么大”，也就是说“天的所有部分只有井口那么大”。事实证明，井蛙的直言命题是错误的。这个故事同时也告诉我们，视野决定了结论，没有看清楚全貌就下结论是不对的，很可能会脱离客观实际。

第七节　一厢情愿的关系命题

关系命题就是陈述事物关系的简单命题。在逻辑学中，关系命题有对称关系和反对称关系、非对称关系，传递关系和非传递关系等多种类型。关系命题是断定事物之间具有或不具有某种关系的命题。例如：

① 变量 a 和 b 的值相等。（表示数量关系）

② 武汉在北京和深圳之间。（表示地理位置关系）

③ 美国的大多数选民都很佩服这届的总统候选人。（表示心理关系）

关于对称的关系命题，我们可以看看徐向前元帅的故事。

解放战争时期，1948 年 3 月，徐向前元帅指挥晋冀鲁豫等军区的解放军部队约5万人，对临汾城发起了进攻。战役打响后，敌人依据有利地势进行了疯狂抵抗，战斗打得非常激烈，双方的伤亡和消耗都很大。我军的一些基层干部有点沉不住气了，私下讨论认为临汾是一块难啃的骨头，担心拿不下临汾。正在这严峻时刻，徐向前元帅为了稳定军心，作出重要指示：当我们处于最困难的时候，敌人也处于最困难的时候；当我们意志发生动摇的时候，恰恰正是敌人感到绝望的时候。所以，大家要相信，谁能坚持到最后，谁就能取得胜利。徐向前元帅对敌我双方所处的形势作出了正确的判断，有力地鼓舞了解放军的士气。最后，在我军一次又一次强有力的进攻下，72天后，国民党军被全歼，国民党第六集团军副总司令梁培璜也做了俘虏，临汾战役最终以我军的胜利宣告结束。

徐向前元帅为什么能准确判断出敌军的情况呢？关键在于他能根据丰富的战争实践，正确地运用命题的对称关系。“我军最困难”与“敌军最困难”是对称的，“我动摇”与“敌绝望”也是对称的。正因为这样，所以结论是显而易见的：谁能坚持，谁就能取得战争胜利。这里就是利用对称关系命题分析得到的结论。

在生活中我们还会常常出现把非传递性关系当作传递性关系的情况。例如：

暑假期间，在武汉工作的刘强到北京旅游，北京的大学同学张梦和曾雨陪同他游览了北京的很多名胜古迹。在晚上吃饭聊天的时候，刘强问起他们住在哪里。张梦对刘强说："我的家离北海公园很近。"刘强接着问曾雨："你的家在哪里呢？"曾雨说："我的家离北海公园也很近。""这么说，你们两家一定离得很近吧！"刘强问道。张梦和曾雨都摇头说："不，我们两家离得不近，挺远的。""这是怎么回事？"刘强搞不清楚了。

为什么张梦和曾雨的家都离北海公园很近，两家却离得挺远呢？故事里面说的"离……很近"是非传递性关系，张梦和曾雨的家都离北海公园很近，他们的家未必就离得很近。如果他们两家一个在北海公园东边，一个在北海公园西边，就离得不近。刘强误把非传递性关系当作传递性关系，所以搞糊涂了。

第四章 推理：通过论证变成逻辑高手

推理是由一个或几个已知的判断（前提），推导出一个未知结论的思维过程。推理是研究人们思维形式及其规律和一些简单逻辑方法的科学。其作用是从已知的知识得到未知的知识，特别是可以得到不可能通过感觉经验掌握的未知知识。推理主要有演绎推理和归纳推理等方法。演绎推理是从一般规律出发，运用逻辑证明或数学运算得出特殊事实应遵循的规律，即从一般到特殊。归纳推理则是从许多个别的事物中概括出一般性的概念、原则或结论，即从特殊到一般。

第一节　谁的相机：直接推理方法

一天，某住宅区的一户居民家夜里被盗，被盗的财物包括现金若干和单反照相机1台。公安局接到报警后，民警们立即展开行动，根据盗贼留下的指纹、脚印等线索进行搜索和排查，很快就锁定并拘捕了犯罪嫌疑人，通过对其住所仔细搜查，搜出了1台单反照相机。但是犯罪嫌疑人拒不承认相机是偷的，说相机是自己买的。公安机关在完成证据准备工作后，根据法律程序提交此案件，由法庭进行审理。

在法庭上，审判长指着从嫌疑人住处搜获的照相机问被告："这台照相机是谁的？"被告回答："当然是我的，是我两年前从商场买的。""你买相机的时候商场开的发票呢？""找不到了。""好，那你说这台照相机是你的，照相机有什么特征，你描述一下。""这是一台日本生产的尼康90照相机。""这个我们都知道，你使用它拍过照吗？""当然拍过，我一直在使用它。""那好，请你把它打开！"被告忙问："审判长先生，如果我能将照相机打开，那就证明照相机是我的，对吗？"审判长回答说："那可不是这样说。打开了，并不能证明一定是你的；不能打开，一定不是你的！"于是法警把照相机递给被告，被告鼓弄了好一会儿，头上都开始冒冷汗了，还是没办法打开。审判长问："被告，你究竟能不能打开照相机？"被告手足无措，边擦汗边说："我有很长一段时间没有用了，忘记了。""你刚才不是说两年来一直在使用它吗，怎么会忘了？"

审判长接着传失主到庭，问他能不能打开照相机，失主回答说："可以打开。"法警将照相机拿给失主，失主轻轻按下按钮，就轻松地打开了照相机。审判长严肃地对被告说："这台照相机根本就不是你的，是你偷的！"被告听到这里突然叫了起来："你刚才明明说，打开它并不能证明就是我的照相机。为什么他打开了，就是他的了？"审判长生气地对他说："你是不见棺材不落泪，你看这是什么？你看清楚，这是购机发票，上面有失主的姓名和购机时间，凭这个说照相机是他的，你还不服气吗？"这时被告无法再抵赖了，绝望地低下了脑袋，老老实实地交代了犯罪事实。

审判长根据什么判断照相机不是犯罪嫌疑人的呢？故事中的审判长断案水平很高，采用的就是直接推理的方法。他很清楚"打开照相机"与"照相机是谁的"的条件关系。"打开照相机"是"照相机是谁的"的必要条件：只有打开照相机，照相机才可能是他的。他的推理逻辑是"打不开照相机，那就证明照相机一定不是他的；打开了照相机，并不能证明照相机一定是他的"。

审判长从打开照相机和持有发票的事实出发，经过思考，得出了"满足这两个条件的人就是照相机的主人"的结论。这样的思维过程就是直接推理。所谓直接推理，就是从一个或者几个已知的命题出发推出另一个新命题的思维过程。被告说

“如果我能将照相机打开，那就证明照相机是我的”是想把必要条件说成充分条件，这个推理是企图蒙混过关的狡辩，但是他面对的是有很高逻辑水平的审判长，只能败下阵来了。

第二节　善意的谎话：理解三段论

卡特是美国第 39 任总统。在竞选总统时，美国一个地方电台的女记者采访了他的母亲。女记者很想通过这次采访扬名。她采访时问卡特母亲：“卡特在前几天竞选演讲时说，如果大家发现他说谎话，就不要投他的票。作为他的母亲，我想请问您，您敢保证他从来没有说过谎话吗？”卡特母亲回答说：“谁都难保证一生不说谎话，如果卡特说过谎话的话，我相信那也是善意的谎话。”“请问，什么是善意的谎话呢？既然是谎话，很少有善意的，您能给我举几个善意谎话的例子吗？”“对不起，我年纪大了，卡特说过什么善意的谎话，我记不住了。不过，我倒是记得自己说过善意的谎话。”卡特母亲回答道。

女记者一听觉得机会来了，可以得到猛料了。“您说给我听听怎么样？”“喔，很久之前的我记不住了，不过我想起来，刚刚你说采访我的时候，我夸奖你今天很漂亮，人很端庄，这难道不是善意的谎话吗？”“啊！您这是在讽刺我吗？我难道不漂亮吗？”女记者生气地说。“孩子，这就是你的不对了，难道说你难看，你高兴？”“这……”女记者被顶得哑口无言。“我对你说的话就是善意的谎话，所以说，有的谎话是善意的谎话。”

卡特的母亲运用自己的智慧不仅没有让女记者得逞，还巧妙地讽刺了她。那么卡特的母亲是怎么推理的呢？她用的就是三段论推理：

有的话是善意的谎话；

有的话是谎话；

所以，有的谎话就是善意的谎话。

什么叫三段论？三段论就是三句话，由两个前提推出一个结论。三段论推理是演绎推理中的一种简单推理判断。它包含：一个一般性的原则（大前提），一个附属于前面大前提的特殊化陈述（小前提），以及由此引申出的特殊化陈述符合一般性原则的结论。

从思维过程来看，任何三段论都必须具有大、小前提和结论，缺少任何一部分都无法构成三段论推理。但在具体的语言表述中，无论说话还是写文章，为了简单化，常常把三段论中的某些部分省去不说。省去不说的部分可能是大前提，也可能是小前提，或者是结论。下面给出了省略大前提、省略小前提和省略结论的例子。

（1）省略大前提

① 你是机电学院的学生，你应当学好机械设计和制造理论。

② 国企改革是新事物，在前进的过程中免不了遇到困难。

例①省略了大前提“凡是机电学院的学生都应该学好机械设计和制造理论”。例②省略了大前提“凡是新事物在前进的过程中都免不了遇到困难”。

（2）省略小前提

① 企业都应该提高经济效益，国企也不例外。

② 这部小说不是优秀作品，优秀小说是思想性与艺术性相结合的作品，这部小说只是一些网络场景和词语的堆砌。

例①省略了小前提“国企也是企业”。恢复完整的句子是：企业都应该提高经济效益，国企也是企业，所以，国企也应该提高经济效益。例②省略的小前提是“这部小说不是思想性与艺术性相结合的作品”。恢复完整的句子是：优秀小说都是思想性与艺术性相结合的作品，这部小说不是思想性与艺术性相结合的作品，所以这部小说不是优秀作品。

(3) 省略结论

① 业余办学形式是大家所欢迎的，成人 IT（信息技术）教育就是一种工作之余的办学形式。

② 所有的人都免不了生病，你也是人嘛。

例①省略的结论是“成人 IT 教育是大家所欢迎的”。例②省略的结论是“你也免不了生病”。

第三节　林肯演讲：联言推理的妙用

林肯是美国第 16 任总统，以废除美国的奴隶制而举世闻名，也因此不幸遇刺。1858 年，准备废除奴隶制的林肯打算前往伊利诺伊州南部发表总统竞选演讲。该地是少数民族居住地，盛行奴隶制。当地奴隶主得知林肯要来，决定给他来个下马威。他们到处造谣，使大家对林肯产生了反感和恶意，有的人甚至准备干掉林肯。知道这些情况后，林肯的朋友对他说去那里是浪费时间，弄不好还可能被刺杀。林肯并不在意，他说：“我一定会成功地完成演讲的，祝福我吧，朋友们！”

林肯来到目的地开始演讲：“亲爱的兄弟们，你们中的一些人警告我，说要让我尝尝厉害。我不理解你们为什么要这样做。像你们一样，我是一个真诚而普通的人，从小靠艰苦的体力劳动糊口。肯塔基州的人民我很熟悉，我也同样熟悉伊利诺伊州的人民，因为我曾经也是无数地位低下和爱好和平安定的普通百姓中的一员。所以，我们应该彼此了解，彼此熟悉。如果你们真了解我的话，你们就会明白我来这里绝不会给大家带来麻烦。朋友们，绝不要干什么伤害他人的蠢事。我们应该像朋友一样和睦相处。我所渴望的东西，其实也是你们的梦想，我希望能真诚地与你们协商问题，希望你们能和我赤诚相待。朋友们，我相信你们一定会这样做。因为我们是亲如手足的兄弟，下面开始讨论吧！”

林肯的开场白一结束，台下就发出了如雷鸣般的掌声和欢呼声。“这个人不是来剥夺我们的利益的，他是一个真诚而普通的人。”“他了解我们，熟悉我们。”台下听众交头接耳，议论纷纷。几个企图闹事的奴隶主看到形势不利，只好灰溜溜地离开了。

刚开始，情况对林肯很不利，但是在短短的开场白中，林肯是怎么获得大家的认可和好感的呢？实际上林肯以前做过律师，所以他的逻辑推理能力很强，这是他的强项。在开场白中，他巧妙地运用了联言推理，赢得了大家的信任。他指出“我们之间有相同的地方，也有不同的地方”。相同的是“像你们一样，我是一个真诚而普通的人”，不同的是“你们中的一些人警告我，说要让我尝尝厉害”，这是一个联言命题。然后，从这一前提出发，推出“我们”之间有相同的地方，用较大篇幅讲自己“从小靠艰苦的体力劳动糊口”，是“无数地位低下和爱好和平安定的普通百姓中的一员”，“我们应该像朋友一样和睦相处”。对这个联言推理进行归纳我们可得到：

我们之间有不同的地方，也有相同的地方；所以，我们之间有相同的地方。

联言推理就是以前提或结论为联言命题，并且依据联言命题的逻辑性质进行推理的推理方法。联言推理的公式是：

p 并且 q，所以，p（或 q）。

在日常生活中我们经常会用到联言推理，例如在军训时，教官经常会说：“兵不在多而在于精，所以，兵在于精。”这就是一个典型的联言推理。林肯的演讲开场白之所以成功，就在于他突出了“我们之间有相同的地方”，从而赢得了听众，赢得了人们的支持，这是对联言推理的绝佳运用。

第四节　妙取贼赃：正确运用选言推理

选言推理就是以选言判断为大前提，根据选言判断各语句之间的关系推导出结论的一种演绎推理方法。例如：

这首诗要么是徐志摩的作品，要么是艾青的作品；

这首诗不是艾青的作品；

所以，这首诗是徐志摩的作品。

这个例子就是一个典型的选言推理。它的前提是选言判断，结论是直言判断。选言推理的前提与结论之间有着必然的联系，从思维的角度看，它符合从一般到特殊的过程，所以选言推理是一种演绎推理。下面看这样一个故事：

市公安局张队长和刑警王强到某小镇去调查一个刑事案件。那天清晨，路上还没有多少行人。两人正准备进旅馆边上的一家早餐店吃早饭，王强突然发现前方路边的地面上躺着一个人。他指给张队长看，两个人走到跟前查看，见那人是个二十多岁的女生，像是个大学生的模样，颈部还在流血。张队长连忙脱下自己的衣服，捂住她的伤口，问："怎么回事，发生了什么事情？"

女孩边痛苦地呻吟边说："我到学校去上学，有个男的向我问路，我停下车后，他突然袭击我，我猝不及防，没有躲开他的刀。他刺了我两刀，我倒在地上后，他抢了我的自行车和背包，往前方逃走了。"说着用手吃力地指了指前方。这时，已有几个早起上班的行人围了上来。张队长忙拨打了120电话，过了5分钟，救护车赶到，他们把受伤的女孩抬上车送往医院抢救，并打电话通知附近的派出所，按女孩所指的方向去追凶犯。

张队长在案发现场前面的路口左右两边跑了多次，仔细查看了两边的车胎痕迹，发现左边路的车胎痕迹前后轮深浅几乎相同，而右边路前轮的车胎痕迹明显比后轮浅。这时候当地警察也驱车赶到案发现场一起查看。张队长仔细查看后，心里基本上有了结论。要知道，通常骑车人的身体重量会放在后轮，所以经过平坦的路或下坡时，前轮车胎痕迹浅，后轮痕迹深。而人在着急骑行时，骑车人通常会向前弯着腰，重心前移，前后轮车胎痕迹就大致相同了。查看两边的车胎痕迹可以发现，急于逃脱的凶犯用力蹬着自行车前行，致使前后轮车胎痕迹深浅相同，所以凶犯是从左边逃跑的。

“凶犯一定是从左边逃跑的！”张队长用肯定的语气说。于是张队长和王强上了警车，一起朝着左边的路追了过去，果然在左边的路上抓获了凶犯。

那么张队长是根据什么断定“凶犯是从左边逃跑的”呢？他是运用选言推理来判断的。抢劫犯从左边逃跑或从右边逃跑是两种可能出现的情况，所以必须做出正确的选择才能追上逃犯，否则逃犯很有可能溜掉。由于路口两边都是平路，所以张队长根据“左边的车胎痕迹前后轮深浅几乎相同，而右边的车胎痕迹明显前轮比后轮浅”的情况，推理出“抢劫犯没有从右边逃跑”，最终得出结论“凶犯是从左边逃跑的”。

第五节　酋长遇刺：巧用假言推理

假言推理有点类似于数学中根据假设条件进行的定理证明，它是根据假言命题的逻辑性质进行的推理，包括充分条件假言推理、必要条件假言推理和充分必要条件假言推理等三种推理方法。下面我们来看一个关于酋长遇刺的故事。

酋长是原始部落的首领。酋长制度在撒哈拉沙漠以南的非洲的广大地区比较普遍，尤其在偏远、落后的地区很盛行。有一次，非洲的一个酋长在欧洲进行国事访问。一天上午十点左右，酋长乘坐的贵宾敞篷车驶近市中心的银行大厦时，突然有狙击手向酋长行刺，狙击手连开五枪，三颗子弹击中了酋长的要害部位，酋长生命垂危。案发后，警方请弹道专家根据子弹轨迹分析后得出，枪手是躲在银行大厦三楼进行射击的。警方封锁了银行大厦，经过搜索和排查，抓住了一个名叫马丁的犯罪嫌疑人，并认定他就是凶手。

“你们凭什么要抓我？我是在银行大厦上班的工作人员。”

马丁大叫。“你少装蒜了，就是你从银行大厦三楼开枪射杀酋长的，酋长现在已经命悬一线了。”“你们有什么证据证明是我射杀了酋长？”“发生凶案的当天上午十点就只有你在银行大厦三楼逗留，这就可以证明你是凶手！”

马丁急了，大嚷道：“那天我正好到三楼办快递的事情啊，另外，在大厦三楼的人也不止我一个呀，你凭什么就认定我是凶手啊！”“你不要着急，我们经过调查发现你有一支6.5毫米口径的意大利卡宾枪，枪是你以南希的名字在三个月前买的。你为什么不以自己的名字买枪，非要以南希的名字买呢？这说明你早有预谋，更说明你就是凶手。”马丁说：“我之所以以南希的名字买枪，是因为我的证件遗失了，所以用了我太太的证件登记，这很正常啊！难道有枪的人都是凶手吗？”

警察说：“还有一个更重要的原因，经过调查和查阅档案，我们发现你是一个获得过射击比赛奖项的特等优秀射手。只有优秀的射手，才能在十秒内连射五发子弹。一般水平的人是不可能做到的，而根据弹道专家的分析，刺杀酋长的人就是在十秒内射出五发子弹的。”“你们在冤枉好人！”马丁生气地大叫。警察说：“这些理由已经足够定你的罪了。”马丁并不承认警察的指控，他请了律师。在法庭上，马丁的律师认为警方的指控缺乏证据，把警方的指控全部驳倒了，最后马丁被法庭无罪释放。

警方的指控为什么站不住脚呢？原因在于警方的推理有问题，分别犯了肯定前件和肯定后件的逻辑错误，没有遵守假言推理的必要条件和充分条件推理的基本规则。那么什么是“前件”和“后件”呢？在逻辑推理中，我们使用推出符号“⇒”，把符号左边的东西称为前件，右边的东西称为后件，即前件⇒后件。

律师对警方的指控进行了强有力的反驳。

警方第一个理由是：

只有在酋长被刺杀时出现在银行大厦三楼的人，才能作案；

马丁当时在银行大厦三楼；

所以，马丁是凶手。

律师指出，必要条件推理不能从肯定前件推出肯定后件。所以，该推理不成立。

警方第二个理由是：

凶手拥有一支 6.5 毫米口径的意大利卡宾枪；

马丁有这样的枪支；

所以，马丁是凶手。

律师指出，充分条件推理不能从肯定后件推出肯定前件。所以，该推理也是无效的。

警方第三个理由是：

只有优秀射手才能在十秒内连发五枪；

马丁是优秀射手；

所以，他能在十秒内连发五枪。

律师指出，这同样也是必要条件推理的肯定前件式推理形式，也是无效的推理。

所以根据逻辑推理规则，警方自以为可以给马丁定罪的三个理由在逻辑上都是不成立的，不能凭此认定马丁就是凶手。看来警方需要上上逻辑课，好好补习下逻辑推理知识了，否则以后还会犯下类似的错误。

第六节　骑虎难下：奇特的二难推理

二难推理是我们经常遇到的一种逻辑推理方式，是由两个假言判断和一个选言判断作前提构成的推理，是假言选言推理的主要形式。其结论可以是直言判断，也可以是选言判断。因为这种推理有时反映左右为难的困境，故称二难推理。二难推理是通过运用选言判断来肯定或否定假言判断，从而肯定或否定假言判断的后件或前件存在或不存在的一种推理形式。有一个关于囚徒问题的著名的二难推理的故事。

古希腊有个国王，到了秋季问斩时，想把一批关在监狱中的囚徒处死。按照惯例，砍头和处绞刑是两种常用的处死方式。为了体现民主精神，他说囚徒可以自己随意挑选一种处死方式，并为之制定了规则。挑选处死方式的规则为：囚徒任意说出一句话来，而且这句话马上可以验证其真假。如果囚徒说的是真话，就采用绞刑的处死方式；如果说的是假话，就采用砍头的处死方式。结果，囚徒有的被绞死，是因为说了真话；有的被砍头，是因为说了假话；有的因为说的话不能马上验证其真假，而被视为说假话，被砍了头；还有的因为讲不出话来而被当成说真话处以绞刑。看来国王很聪明，没有囚徒能够逃出这个套，都得被处死。

但是强中自有强中手，在这批囚徒中，有一个囚徒相当聪明。当国王安排人来到他面前要求他选择处死方式时，他说出了一句话，结果国王百思不得其解，自己说过的话又得算数，在无法判断怎么处死他的情况下只得把他放了。

那这个聪明的囚徒说的是什么话呢？答案是："我会被砍头。"就是这句简单的求死的话使国王左右为难了。因为如果真的砍了他的头，那么他说的就是真话，而说真话是应该被绞死的。但是如果把他处以绞刑，那么他说的"我会被砍头"便成了假话，而假话又应该是被砍头的。无论是绞死还是砍头，都没有办法执行国王原来的决定，所以国王没有解决办法了，只得把他放了。

从推理形式看，这个囚徒是在国王面前制造了如下的一个二难推理：

如果把他砍头，会违背国王原来的决定；

如果把他绞死，也会违背国王原来的决定；

或者把他砍头，或者把他绞死；

总之，不管怎么做都要违背国王原来的决定。

这是二难推理的一种常用形式，即简单构成式。除此以外，二难推理还有简单破坏式、复杂构成式和复杂破坏式等形式。

第七节　巧妙计算：归纳推理方法

高斯是德国著名数学家、天文学家、大地测量学家和物理学家，是近代数学奠基者之一，被认为是历史上最重要的数学家之一，在数学方面才华过人。在他 10 岁的那一年，有一天上算术课，在学完两位数加法后，老师想考考大家，于是给高斯所在班的学生出了一道算术题。这道算术题目是：1+2+3+…+98+99+100=？老师想，要将这么多数字加在一起可得让孩子们费些神呀，稍不细心，就会出错的。

老师将题目说完，大家都在安静的教室中聚精会神地计算着。出人意料的是，没多大会儿，小高斯就举起手来，并且告诉老师这道题的答案是5050。当时，同学们都停下自己的计算，惊奇地看着小高斯。老师知道答案是正确的。

于是高兴地对高斯说："答案完全正确，可是你能告诉我们你是如何这么快地就计算出结果的吗？"高斯说，开始他并没有计算，而是寻找规律，他发现1到100这一百个数有一个特点，那就是：依次把头尾两个数加起来都等于101，而这样的数刚好有50对。因此，这一百个数的总和就应该是5050，即101×50=5050。

看来做事还是要讲究方法，动脑思考，不能一开始就埋头苦干，如果方法对的话，一定可以事半功倍。

小高斯是运用什么推理形式计算出来的呢？他运用的就是归纳推理。什么是归纳推理呢？归纳推理是从个别知识的前提推出一般知识的结论的推理。我们再看一个关于三角形内角和的例子。根据常识，可以知道有这样几个规律：

不等边三角形三内角的和等于180°；

等腰三角形三内角的和等于180°；

等边三角形三内角的和等于180°。

不等边三角形、等腰三角形、等边三角形是三角形的全部形态，所以所有三角形三内角的和都等于180°。归纳推理的前提可以是反映一类事物情况的判断。

第八节　科学发明：类比推理方法

深潜器是在深海探秘的重要装备，是今天科技强国争先发展的高科技工具。那么最早的可以自由行走的深潜器是谁发明的呢？是奥古斯特·皮卡德发明的。皮卡德是瑞士著名的探险家、发明家，他发明了可以在海底自由行走的深潜器，运用的就是类比推理的方法。皮卡德开始是一位研究大气平流层的科学家，他设计的平流层气球可以升高到 15690 米的高空进行飞翔。后来他的兴趣转移到了海洋，开始研究海洋深潜器。尽管海洋和天空是完全不同的两个领域，但是水和空气都是流体，在涉及流体力学的知识和原理时有很多共同之处。因此，他在研究海洋深潜器的时候，想到了利用平流层气球的原理来改进深潜器。

在皮卡德之前的深潜器，入水时要靠铜缆吊入水中，既不能自行浮出水面，也不能在海底自由地行走，使用起来非常不方便，由于工作原理和重量的限制，之前的深潜器最多只能潜到 2000 米深。

皮卡德注意到平流层气球由气球和吊在气球下面的载人舱

组成，可以利用气球的浮力使载人舱升上高空。通过研究平流层气球的原理，他试想：如果在深潜器上加一个浮筒，不就可以在海水中自行上浮了吗？根据这个原理，皮卡德设计了一种新型深潜器，包括钢制潜水球和浮筒两部分。他在潜水球中放入铁砂作为压舱物，使深潜器可以自由沉入海底。将压舱的铁砂抛入海中，就可以借助浮力升至海面。再配上动力源，深潜器就可以在深海中自由行动了。经过实验，这种新型深潜器可以下潜到海底 4042 米深。真是非常了不起的发明！

那么皮卡德是如何发明可以自由移动的深潜器的呢？他就是采用类比推理的方法研制成功的。类比推理是科学研究中常用的方法之一。科技史上科学家发明的飞机、仿生鱼、仿生机器人等都是借助类比推理研究出来的。类比推理主要是根据两个或两类对象有部分属性相同，从而推出它们的其他属性也相同的推理，简称类推、类比。

在生活中，类比的运用会带给我们无穷的欣喜与乐趣，只要大家处处留意，生活中的奥妙便会呈现在我们眼前。

第九节　胖子和瘦子：循环论证

循环论证，作为一种论证的形式，是用与预期理由相类似的结论来证明预期理由正确的一种错误论证方式，是证明论题的论据本身要依靠论题来证明的一种逻辑谬误，预期理由是指用真实性未得到证明的论据来证明论题的做法。如果真实性未得到证明的论据本身还需要靠论题加以证明的话，那就是循环论证了。因此，循环论证可以看作预期理由的一种特殊表现形式。

瘦子和胖子的对话是循环论证的典型体现。

一个瘦子问胖子:“你为什么长得这么胖啊？”胖子回答:“因为我吃得多，每天吃 5 顿，每顿都吃得很多，不然就饿。”瘦子又问胖子:“你为什么吃得这么多啊，不能少吃点吗？”胖子回答:“不能啊，因为我长得胖，如果吃得少我就会很饿啊！”胖子的回答很好笑吧？他回答瘦子的“为什么长得这么胖”的问题时，是以“吃得多”为理由的；他回答瘦子的“为什么吃得这么多”的问题时，又以“长得胖”为理由。胖子的这种论证就是循环论证，是在兜圈子，绕来绕去，他的答案并不能回答瘦子的问题。

这是论证谬误的一种，需要注意的是，诡辩者为了达到支持某项主张的目的，往往会进行换汤不换药的重复，采用循环论证的方式绕晕你。

托马斯·阿奎那是欧洲中世纪经院哲学家的代表人物，他有一个能解释一切的方法，就是指出现象具有的那种“隐藏的质”。法国喜剧作家莫里哀在《无病呻吟》中辛辣地讽刺了这种现象。剧中的场景是，阿尔冈申请参加全国医学会，于是医学博士们组织面试会，以下是会上的对话。

博士们：“你好，学士先生，我们想请问，鸦片为什么可以引人入睡？”

阿尔冈：“由于它本身有催眠的力量，会使知觉麻痹。”

博士们：“那么，鸦片为什么具有催眠的力量呢？”

阿尔冈：“由于它能催眠。”

博士们：“回答得太好了！过关了，欢迎你成为医学会的会员。”

阿尔冈的回答也是一个典型的循环论证的模式。鸦片之所以能催眠，是因为它有催眠的力量；鸦片为什么有催眠的力量呢？因为它能催眠。这样在原地兜圈子，人们徒费精神，毫无进步。许多唯心主义者就是靠这种把戏论证他们的观点，原因就是他们的“理论”是无法通过事实或者实验证明的，所以只能采用循环论证的方法欺骗别人。

第五章
逻辑的有效性：论证

第一节　归纳论证：小伟的生日礼物

归纳与推理具有不同之处。推理侧重从一般前提得出个别结论，而归纳侧重从个别前提得出一般结论。

归纳与推理还有一个差别，即归纳即使前提是正确的，过程也是正确的，但是结论不一定是正确的，归纳的结论可能是错误的。

小伟是家里的独生子。从上一年级起，每年过生日，小伟都会收到父母送的生日礼物——一个哆啦A梦的生日蛋糕。

小伟上六年级了，马上小学毕业，他希望收到不同的生日礼物，可是打开生日礼物盒子一看，还是一个哆啦A梦的生日蛋糕。

于是，小伟断言：自己以后的生日礼物都是哆啦A梦的生日蛋糕。

初一时，小伟取出父母给自己买的生日礼物，又是一个哆啦A梦的生日蛋糕，他坚信自己的断言是真的了。

但是，在初二时，小伟打开父母送自己的生日礼物时，他愣住了。这次，他收到的是一个iPad。

小伟认为一定是父母送错了生日礼物，他相信“自己的生日礼物都是哆啦A梦的生日蛋糕”是确定的，是父母搞错了。

但是，在初三时，当小伟打开父母送的生日礼物的盒子时，他又惊呆了，因为他得到了一双球鞋。他知道，他归纳的结论“自己的生日礼物都是哆啦A梦的生日蛋糕”错了！现在小伟为自己的归纳论证结论感到尴尬。

归纳不同于推理。归纳前提正确，过程也正确，但结论不一定正确。但这并不意味着归纳没有意义，归纳推动了人类科学的不断进步。至于如何增强结论的可靠性，有一个办法，即不断增加个体验证数量和次数。

第二节　类比论证：地球和月球

类比论证是逻辑学中从个别到个别的论证过程。类比论证的一般结构为：已知A具有α、β、γ、δ、ε特征，B具有α、β、γ、δ特征，因此，B很可能具有ε特征。

地球和月球有很多相似的地方。

α：地球和月球都是天体，是太阳系中的一员，地月系围绕太阳旋转。

β：地球和月球都有自转和公转，都是围绕自身轴线自转的，在自转的同时整个地月系围绕太阳公转。

γ：地球和月球都有白天和黑夜。

δ：地球和月球的表面特征相似，都有山脉、峡谷、撞击坑等。

地球还有一个ε特征，即拥有大气层和液态的水。

所以，月球上可能也有大气层和液态的水。

但是，月球探测器传回来的影像数据显示，月球上没有大气层和液态的水。

因此，类比论证是论证而非推理。类比论证即使结构正确，也不能完全保证结论为真。类比论证的结论仍然可能是或然的，即可错的。

类比论证可以引导人们进行逻辑推理，从已知的事物或情形中推断出未知的结论或解决方法。通过类比，可以对新的问题进行思考和分析，找到解决的思路。

尽管类比论证可以启发思考和帮助理解，但也存在局限性和风险。因为类比仅仅是基于相似之处的推理，可能会忽略事物之间的差异性，导致不准确的结论或错误的推断。因此，在运用类比论证时，需要谨慎考虑事物之间的相似性和差异性，避免产生偏见或误导。

第三节　比较论证：绘画女孩莎莉

比较论证是一种逻辑推理方式，它通过比较两个或者多个现象、观点、理论或者事件，支持或者反驳一种论点。

比较论证要注意对不同对象进行比较和对同一对象进行前后比较是两种完全不一样的比较。

在一个宁静的小镇上住着一个热爱绘画的小女孩，名叫莎莉。莎莉的画总是充满了色彩和想象。尽管她很努力，但莎莉似乎总是与冠军奖杯擦肩而过。莎莉的父母担心她会因此气馁，便决定聘请一位著名的艺术导师来辅导她。

导师每天和莎莉一起绘画，教她掌握各种绘画技巧，并鼓励她发挥自己的创造力。莎莉非常喜欢和导师一起学习，她的绘画技巧也在不断提高。

然而，到了年度艺术大赛时，莎莉的作品依然没有赢得第一名，莎莉的父母开始质疑导师的教学水平。

莎莉的父亲说："女士，我们非常尊重您的专业，但看起来您的教学并没有帮助莎莉获得更好的成绩。"

艺术导师回答道："莎莉在艺术上取得的巨大进步。您真的没有看到吗？"

"但她的比赛排名并没有提升，这不就意味着她没有进步吗？"莎莉的父亲困惑地问。

"莎莉的排名没有变化是因为所有的小朋友都在进步，竞争非常激烈。但如果您注意观察莎莉的作品，您会发现她的绘画技巧和色彩表现力都有了显著的变化。"导师解释道。

她拿出了莎莉上一次比赛和这次比赛的作品对比表，如表 5-1 所示。

表 5-1　莎莉比赛评分对比表

时间	莎莉的评分 / 分	平均评分 / 分
本次比赛	85	80
上次比赛	65	70

莎莉的父亲看着分数，终于意识到虽然莎莉的排名没有变化，但从个人成绩来看，她确实有了显著的进步。

接着，艺术导师又说："莎莉的案例正是说明，我们在评估一个孩子是否进步时，不能仅仅看她与其他孩子的相对位置，还需要看她的个人发展。这就像种树一样，即使一棵树没有长得比其他树更高，但它已经比以前长得更茂盛、更健康了。"

"所以，在比较论证中，我们不能单纯看排名或相对位置，还要看个体的实际进步，是吗？"莎莉的母亲恍然大悟。

导师点了点头："正是这样。要知道，每个孩子的学习路径都是独一无二的，我们的目标是帮助他们发挥自己的最大潜能，而不仅仅是与其他同学进行比较。"

如果是不同对象之间进行比较论证，可以说明不同对象之间的关系；如果是同一个对象前后进行比较，则能反映对象自身发生的变化。

我们在应用比较论证时，既不能因为对象自身发生变化而否定与其他对象之间的关系，也不能因为与其他对象之间具有的某种关系而对对象自身的变化进行否定。

第四节 建议论证：王明的选择

逻辑学的建议论证一般包括建议的方法 α 和建议的目的 β。建议论证的一般逻辑结构为：为了达到建议的目的 β，所以采用建议的方法 α。

王明喜欢安静的生活，不太爱运动。最近他精力不济，经常感到疲倦。李涛建议他多运动，每天要锻炼身体，这样可以改善他的健康状况。

“我真的很久没有锻炼了，可能很难坚持。”王明摇摇头说道。

“没关系，我可以陪你一起锻炼，相信你会逐渐习惯的。”李涛仍然很热心地劝说。

“但是我工作的地方没有健身房，每次都要到较远的地方去锻炼，有些不方便。”王明实际上是在委婉地拒绝。

“这有什么不方便呢？下班后就在附近的公园锻炼就行，我通常都是先锻炼再回家的。” 李涛依然热情地邀请王明。

“这样回家会比较晚，可能会影响我的工作和家庭时间。”王明再次拒绝。

“你这是什么意思呀？我建议你多运动，对健康有好处，难道你觉得我的建议不好吗？”李涛因为王明的拒绝有些不悦。

“你的建议当然有道理！但是我现在确实没有时间锻炼，尽管你的建议很有帮助，但我暂时接受不了。”王明不想李涛产生误解，所以直接拒绝了他的建议。

“你这样不觉得太虚伪吗？明明拒绝了我的建议，却又说我的建议有道理，这有些矛盾啊！你完全可以直接说不接受，那我也不会有意见。你这样表达既是在支持又是在拒绝，实在不合逻辑。”李涛听完王明的话更加不满。

“我认为你的建议很好，但接受与否是我的选择。难道觉得建议好就必须接受吗？换句话说，难道我不接受就是你的建议不好吗？我认为你才是不太合理。”王明对李涛的指责也显得有些生气。

在一旁静静观察的李华走过来对李涛说道：“你很热心，建议也很中肯，但是对于王明的选择我们应该尊重。建议好不好与是否接受建议是两回事。”

“既然建议有益，为什么不接受呢？”李涛这个问题听起来很有道理，但紧接着他又开始思索，“衡量建议好坏的标准除了接受与否，还有其他因素吗？”

在逻辑学的建议论证中，仅对建议条件、成本的削弱并不是对建议的削弱。那么，对于建议论证的有效性削弱是什么呢？即，即使采取方法 α 也不能达到需要的目的 β。

对于建议的拒绝不等于对建议的削弱，可以采用对建议成本和条件的说明来达到拒绝建议的目的。

第五节 调查论证：学生会主席竞选

调查也是论证的一种形式。调查的结果会对实际的投票结果产生一定的影响；调查的结果可以对投票行为产生强化或者弱化的效果。

我们假设在一所大学中，学生会主席竞选即将举行，候选人分别是经验丰富的玛丽和新人小明。玛丽是一名资深的学生会成员，曾担任学术部部长，广受学生喜爱。与此同时，上任学生会主席也力挺她参选下一任主席。而玛丽的好友王芳也积极地为她发起了一场支持玛丽的网络活动。

相对而言，新人小明是一名学生会外围的学生，没有担任过学生会的任何职务。有传闻称小明对学生会的工作并不了解，甚至有一些同学认为他对学生事务并不感兴趣。

学校规定所有注册学生都有权参与投票，得票数多的候选人获胜。一些学生在讨论投票对象时表达了对候选人不同的态度：

小红说："我会投票给玛丽，因为她在学生会工作经验丰富，是最适合的人选。"

小亮表示："我打算支持小明，我相信他有潜力，我们需要给新人一个机会。"

小刚犹豫地说："我还没有决定，但考虑到玛丽的支持者众多，似乎她的胜选是板上钉钉的事情。"

在学校的逻辑学课上，教授针对这种投票和调查情况进行了讲解。

教授解释道："调查也是一种论证，具有一定的逻辑要求，调查结果可能会产生反作用或者误差。"

他指出："投票本身也可以理解为一种调查，每位学生通过投票表明自己的态度。在投票之前进行调查，如果被调查者说实话，并且态度不会改变，那么调查结果就是可靠的。"

教授继续说道："调查结果可能会受到外部因素的影响，比如投票者知悉调查结果后可能会改变自己的投票行为，这种反作用会对最终结果产生影响。"

通过这个故事和逻辑学中关于调查论证的例子，我们可以了解到调查结果的可靠性受多种因素的影响，需要在逻辑上进行合理分析和评估。

第六节　因果论证：闪电与下雨

逻辑学中的因果论证属于推理过程中的一种论证，是探究两个或者多个时间或状态之间是否存在因果联系的一种论证方式。

因果论证的核心在于说明原因和结果之间的逻辑关系。如果因果论证的原因和结果之间的联系是确定的，即一个事件（原因）的发生会导致另一个事件（结果）的发生。

有一个对世界充满好奇的孩子，他注意到了一件事情：每当下雨时，天空中就会响起隆隆的雷声。他心中充满疑惑：为什么雷声总是在雨中出现？下雨和雷声之间到底有什么联系呢？

为了找到答案，每当下雨时，孩子都会站在窗边，仔细观察天空的变化，试图找到雷声产生的源头。然而，无论他如何努力，都无法解开这个谜团。

有一天，孩子又听到了雷声，他忽然想到，爷爷总是在下雨天泡茶，而泡茶时，茶壶里的水也会发出咕噜咕噜的声音。孩子心中一动，跑去问爷爷：“爷爷，为什么每次下雨，天空都会响起雷声呢？”

爷爷笑着回答：“孩子，雷声是天空中的闪电产生的，和下雨没有直接的关系。就像我泡茶时，茶壶里的水会发出声音，但那是因为水在加热，而不是因为下雨。”

孩子听了爷爷的解释，虽然有些似懂非懂，但他明白了一个道理：有些事情看似相关，但实际上并没有直接的因果关系。就像下雨和雷声、茶壶里的水声和下雨一样，它们只是同时发生，但并不意味着其中一个是另一个的原因。

这个故事告诉我们，对于世界上的事物，我们不能仅凭表面的相关性就判断它们之间的因果关系。我们需要更深入地了解事物的本质和规律，才能得出正确的结论。这也是我们在思考和解决问题时需要注意的一点。

第六章

你认为的正确不一定正确——常见的逻辑谬论

第一节　诉诸出身——张三的画家女儿

父母对子女的影响在一定程度上体现在子女的能力和性格上。但是只根据父母的成就与能力对子女的成就与能力进行判断，就会犯“诉诸出身”的错误。

张三是位著名的音乐家，他的音乐才华得到了广泛的认可。张三有一个女儿，从小就对音乐表现出浓厚的兴趣。人们常说“有其父必有其女”，于是大家理所当然地认为张三的女儿将来也会成为一名出色的音乐家。

然而，随着时间的推移，张三的女儿虽然对音乐有着浓厚的兴趣，但她发现自己更擅长绘画，而不是音乐。她画出的作品充满了独特的创意和美感，让人们眼前一亮。最终，张三的女儿选择了一条与自己父亲不同的道路，成为了一名优秀的画家。

这个故事反映了“诉诸出身”的逻辑谬误。人们因为张三是音乐家，就预设了他的女儿也必定会成为音乐家。然而，这种基于出身的推断往往忽略了每个人的独特性和成长环境的不同。

在一个不起眼的小镇上，有个名叫李明的孩子，他的家庭并不富裕，父母都是辛勤的工人，每天忙碌于生计。虽然生长在这样的环境，但他从小就怀有一个大大的梦想，那就是走出小镇，去大城市里追求更好的生活。

李明的学习成绩一直不错，但高考失利对他而言却是一次致命的打击。连续两年，他都没有达到自己理想的分数。然而，李明并没有放弃，他坚信只要努力，总有一天会实现自己的梦想。于是，他鼓起勇气，再次踏上了高考的战场。

这一次，李明终于如愿以偿地考上了一所名牌大学。然而，进入大学后，他却发现自己并不如想象中那么出类拔萃。周围的同学有的家境优渥，有的才华横溢。李明开始感到自卑，他觉得自己只是一个平凡的孩子，没有什么特别之处。

那段时间，李明陷入了深深的自卑和迷茫。他不知道自己该如何面对这样的现实，也不知道自己该如何规划未来。他开始怀疑自己的能力，甚至有了放弃的念头。

然而，就在李明即将沉沦的时候，他突然想到了一个问题："既然我能够从一个小镇的孩子奋斗成名牌大学的学生，那我是不是也能够从这里奋斗到更远的地方呢？"这个想法让李明眼前一亮，他意识到自己的自卑和迷茫都是无谓的。他开始重新审视自己，发掘自己的优点和潜力。

李明开始积极参加各种校园活动和实践项目，不断提升自己的能力和素质。他不再因为自己来自小镇而感到自卑，而是坚信只要努力，就一定能够实现自己的梦想。

几年后，李明不仅以优异的成绩顺利毕业，还创办了一家属于自己的公司。他用自己的行动证明了，平凡出身并不代表平庸无为，只要有梦想、有努力、有坚持，就一定能够走出一条属于自己的成功之路。

回首往事，李明深有感触地说："人生的起点并不能决定终点，我们出生的家庭和环境虽然重要，但并非决定性的因素。每个人都有自己的梦想和追求，只要我们保持积极的心态，不断激励自己向前迈进，就一定能够创造出属于自己的精彩人生。"

李明的故事告诉我们，在人生的道路上会面临各种挑战和困难，但只要我们保持坚定的信念和不懈的努力，就一定能够战胜困难、实现梦想。同时，我们也应该认识到，家庭、社会等外部因素虽然会对我们产生影响，但这些并非决定性的因素。真正决定我们成败的，是我们自己的态度和付出的努力。因此，我们应该发挥自己的主观能动性，充分发掘自己的潜力，创造出更加美好的未来。

在现实生活中，我们也应该避免犯这种“诉诸出身”的逻辑谬误。一个人的能力和成就，应该通过自己的努力和实际行动来判断，而不是简单地归结于出身和家庭背景。只有这样，我们才能更加公正地评价一个人，并给予他们应有的机会和尊重。

第二节　诉诸感觉——盲人摸象与失色的珍珠

在逻辑学中，“诉诸感觉”是一种非形式谬误，指的是在论证或决策过程中，过度依赖个人或主观的感觉、情感或直觉，而非基于客观事实、理性分析或有效的证据。这种谬误忽视了对论据的合理性、可靠性和逻辑连贯性的要求，导致结论可能偏离事实或逻辑上的正确。

在一个古老的村庄里，有几个盲人，他们从未见过大象。有一天，村民们把一头大象牵到了村子里，这几个盲人听闻后，都想摸摸大象，看看它长什么样子。

第一个盲人摸到了大象的腿，他惊讶地说："原来大象就像一根粗大的柱子！"

第二个盲人摸到了大象的耳朵，他兴奋地喊道："不对，大象明明像一把巨大的扇子！"

第三个盲人则摸到了大象的鼻子，他自信满满地说："你们都错了，大象其实像一根长长的水管！"

他们各自坚持自己的观点，争吵不休，都认为对方的感觉是错误的。然而，他们都没有意识到，他们只是摸到了大象的一部分，而大象的真实模样远比他们想象的要复杂得多。

这个故事告诉我们，只凭片面的感觉和经验得出的结论往往是片面的，甚至是错误的。在生活中，我们需要更全面地了解和分析问题，才能避免陷入逻辑谬误。

在逻辑论证中，合理的结论应当建立在充分、可靠和相关证据的基础上，并通过逻辑推理得出。然而，当论证者"诉诸感觉"时，他们可能会忽视这些基本要求，而仅仅依赖于自己的情感反应或直觉进行判断。这种论证方式缺乏客观性和可靠性，容易导致错误的结论或偏见。

一位富有的商人有一颗珍贵的珍珠，他时常向朋友们炫耀。有一天，他遇到了一位年轻的画家，便拿出珍珠给画家看。

画家端详了珍珠后，显得并不惊讶，只是说："这颗珍珠看起来确实很漂亮，但我觉得它并没有你描述得那么神奇。"

商人听后很不高兴，认为画家不识货。他带着珍珠去了很多地方，向人们展示它的美丽和价值。忽然某一天他却发现珍珠已经失去了往日的光泽，变得黯淡无光。

商人很沮丧，便去找那位画家询问原因。画家解释说："珍珠的美丽并不在于它的光泽，而在于它本身的价值。你过于依赖外界的眼光来评价它，反而忽略了它真正的价值。就像我们看待事物一样，不能只凭感觉和经验，还需要深入了解事物的本质。"

商人听后恍然大悟，明白了不能只凭感觉来判断事物的价值。他也学会了更加深入地了解和分析问题，避免被表象所迷惑。

为了避免"诉诸感觉"的谬误，我们应当在论证和决策时保持客观、理性的态度，充分收集和分析相关的证据和事实，运用逻辑推理来得出结论。同时，我们也应该意识到个人情感和直觉的局限性，并尝试通过反思和批判性思维来克服这些局限性。

“诉诸感觉”是一种在逻辑学中需要避免的谬误，它可能阻碍我们获得准确、客观和可靠的知识和结论。通过培养批判性思维、注重证据和逻辑推理，我们可以更好地避免这种谬误，并做出更明智的决策和论证。

第三节　以偏概全——商家的美白护肤品广告

“以偏概全”是逻辑学中常见的一种论证谬误类型，具体指的是在推理或者判断过程中，只根据部分信息或者个别的情况就对整体的情况做出判断。

有一家化妆品公司推出了一款主打美白效果的护肤品，并聘请了一位皮肤白皙、容貌靓丽的女明星作为代言人。这位女明星在广告中不仅展示了自己光滑细腻的肌肤，还分享了自己使用这款产品的体验和心得。

广告播出后，许多消费者都被女明星的容颜所吸引，纷纷购买了这款护肤品。他们认为，只要使用了这款产品，就能像女明星一样拥有白皙透亮的肌肤。然而，他们并没有意识到，这只是一种心理暗示，产品的实际效果可能并没有广告中描述的那么神奇。

此外，这家化妆品公司还巧妙地利用了“以偏概全”的心理，在宣传中强调产品的某一特定成分或技术。他们声称，这种成分或技术具有神奇的功效，能够迅速改善肌肤问题。然而，消费者往往忽视了产品的整体配方和使用方法，仅仅因为某一成分或技术而选择购买。

面对商家的这种营销策略，消费者应保持理性思考，不盲目跟风。在购买产品前，应仔细了解产品的成分、功效和使用方法，结合自己的肤质和需求进行选择。同时，也要避免被广告中的夸张宣传和虚假承诺所迷惑，以免陷入“以偏概全”的陷阱。

商家利用“以偏概全”心理打造营销陷阱是一种常见的手段。作为消费者，我们应保持警惕，理性对待商家的宣传，避免被误导。只有这样，我们才能做出明智的消费选择，保护自己的权益。

“以偏概全”的逻辑谬误会导致错误的结论和判断，因为它没有考虑到所有相关的信息和变量。为了避免“以偏概全”的谬误，我们需要培养批判性思维，审慎对待信息，尽可能全面地收集证据和数据，同时也要注意识别和分析信息中的偏见和局限性谬误，通过全面、客观的分析，确保结论的准确性和可靠性。

第四节　诉诸无知——科普读物的错误结论

逻辑学中的“诉诸无知”是一种逻辑谬误，它指的是一个人因为无法证明或不了解某个事物的真相，断言这个事物不可能存在或存在。这种逻辑谬误的核心在于错误地将缺乏证据或知识作为支持或反驳某个命题的依据。

“诉诸无知”的具体表现形式有很多，例如：

当某人提出一个新的观点或假设，而另一个人因为缺乏相关证据或知识，就断言这个观点或假设是错误的或不可能的；

当面对无法解释或证明的现象时，因为缺乏明确的解释或证据，就认为这个现象是不真实的或是不存在的。

这种逻辑谬误的问题在于，它是基于无知或缺乏证据来做出断言，而不是基于实际的证据或逻辑推理。这就导致了我们无法推导出有力的结论，也无法有效地解决问题，从而影响了论证的有效性。

在20世纪初，一本广受欢迎的科普读物中曾有过这样一段论述：“地球上的生命形式是历经几千年演化而来的结果，因为按照现有的科学认知，生物体无法经历更长时间的演化过程而不发生显著的改变。更何况，我们的祖先并未留下关于更古老生物存在的确凿证据。”这一结论的得出，是基于当时科学界对生物演化的理解尚浅，以及考古证据的有限性。

然而，随着20世纪中叶DNA（脱氧核糖核酸）技术的出现和古生物学研究的深入，科学家们逐渐发现了更多关于地球生物演化历史的线索。这些证据表明，地球上的生命形式实际上已经演化了数十亿年之久，比那本科普读物中提到的时间长得多。

那本科普读物之所以会得出错误的结论，正是因为它犯了“诉诸无知”的逻辑谬误。它断定生命形式只能在短时间内演化，是因为没有发现支持更长时间演化的证据。然而，这种逻辑忽视了科学发现的不断进步和新的证据的涌现。

在现实生活中，这种“诉诸无知”的逻辑谬误也随处可见：“你不能证明这个世界上没有超能力，所以超能力一定存在”；“你无法证明这个草药没有副作用，所以它就是安全的”。这些观点都是基于一种错误的假设：如果一个事物未被证明为错误或不存在，那么它就被默认为正确或存在。

然而，真正的科学精神和逻辑思维要求我们对待问题要持有开放和谨慎的态度。我们不能仅凭无知就断言某个观点的正确或错误，而是需要依靠证据、观察和理性的推理来做出判断。

只有这样，我们才能避免“诉诸无知”的逻辑谬误，更好地认识和理解这个世界。

为了避免“诉诸无知”的谬误，我们需要提高自己的知识水平和认知能力，尊重他人的观点，并学会提问和查找信息。当我们遇到一个自己无法证明或不了解的问题时，应该承认自己的无知，并寻求更多的证据和知识来支持或反驳自己的观点。

第二篇

逻辑学故事趣话

第七章

非黑即白——反语的味道很好

提到反语，我们总会想起国学反语大师鲁迅来，他很多通过反语讽刺时事的作品已经成为经典。反语又称“反说”，即“说反话”，在表达观点时使用和原义相反的词语进行表达，经常含有否定、讽刺以及嘲弄的味道，是一种带有强烈感情色彩的逻辑表达方法。可以将反语分为讽刺反语和风趣反语两类，这主要根据说话者的对象不同、说话者的感情不同进行区分。讽刺反语是指为了揭露、讽刺、批判、嘲弄事物而表达贬义的反语；风趣反语是指说话、表达时为了制造气氛，体现风趣、幽默和诙谐的反语，字面是贬义，实际上是表达褒义，并不包含讽刺嘲弄之意。

第一节　吸烟的好处

生活中经常会碰到一些使用反语的情形。例如小鹏在踢足球时，一不小心把教室的一块玻璃踢碎了。老师很生气，对他说："小鹏，你踢足球的技术可真高啊！"这里虽然表面看是在夸小鹏踢球技术好，但实际上是讽刺他的球技差，不然也不会将玻璃都踢碎了。又如某日报记者披露桂林米粉造假时这样说："这些造假者不敢租正规门面，通常在条件很差的小黑房子里面操作，整天提心吊胆，担心被市场监督管理局抓住，真的很辛苦，值得同情啊！"这里就是使用反语对造假者进行了讽刺。

在使用反语进行逻辑表达时，反语通常有表面和里面两重意思：表面意思是词语本身所具有的；里面的意思则是说话者的真正意图，是由特定的语言环境所赋予的。下面的这个故事讲的就是对反语的灵活应用。

有个美国烟商到法国做香烟生意。为了销售他的产品，一天，他在巴黎的街头搭建了一个用来进行产品推广的表演舞台，准备了一些吸引眼球的娱乐节目。慢慢地，很多人聚集过来欣赏这些节目。在节目间隙，他跑上台大谈抽烟的好处，正说着，一个老人挤开人群，径直走到台前，对着商人说：“先生你好，请容许我也说几句关于抽烟的好处！”然后老人转向观众，大声说道：“大家好，对于抽烟的好处，我还想再补充三点！”美国商人一听可高兴了，连忙向老人道谢：“老先生，一看您就是位学识渊博的人，请您分享下抽烟的三大好处吧。”

老先生点点头，微笑着说：“第一，抽烟的人不怕被狗咬；第二，小偷从不去抽烟者家里偷东西；第三，抽烟者会永葆青春。”台下人声鼎沸，大家交头接耳地谈论起来：“是真的吗？”“真有如此功效？”“不可能吧？”“这个老先生说的是真的还是假的？”商人听了非常高兴，连忙催促老先生解释一下原因。

老先生含着笑继续说：“第一，抽烟导致肺部不舒服，会引起驼背，狗一见到这类驼背的人会以为他是在弯腰捡石头打它，狗能不害怕吗？所以抽烟的人不怕狗来咬自己。”台下哄堂大笑，商人听了却吓了一跳。这哪里是在帮忙说优点啊？商人有点不太高兴，但不好说什么。老先生没管商人，接着说：“第二，抽烟会导致气管和肺不舒服，所以抽烟的人夜里总爱咳嗽，小偷去偷东西时，听见咳嗽声，以为他没睡着，所以不敢继续偷东西。”台下一阵喧闹，商人大汗淋漓，这才发现老先生不是在帮自己。“第三，抽烟多的人气管、肺、肝、心脏等多处器官容易出现疾病，弄不好很年轻就死了，所以可以永远年轻。”台下的人笑成一团，都在赞扬老先生的幽默和敢于说真话。商人看到这情形，连忙跑回后台收拾好东西，灰溜溜地走了。

这个故事中的老先生采用的就是反语的表达方式，他运用逻辑推理中的归谬法来组织语言解释“抽烟的好处”，话语一波三折，先是吊起听众的胃口，然后才不紧不慢地表达出自己的真正意思。老先生表达自己意见所采用的手法就是反语中的明褒实贬。除了这种类型，还有一种手法，叫作反语中的明贬实褒。我们来看下面的小故事。

在公共汽车上，一位阿姨在和同伴聊天，她说：“你看我们家孩子，上了初中功课多了，晚上经常要学到凌晨，我看不过，怕她饿了，想给她增加点营养，就经常给她削个苹果放到她旁边，她会头也不抬说先放着吧，结果我再过去看，发现苹果果肉都变黄了，她也想不起来吃。唉！这孩子，真拿她没办法。”

这个阿姨真的是在说女儿气人吗？事实上这位阿姨明着说女儿气人，其实是在夸女儿爱学习。这就是明贬实褒的表达方式。第二个例子如下。

小区的中心广场上有一个老奶奶在和人聊天，聊了一会儿，她回家去喝水，回来后就严肃地说："不好了，家里出大岔子了！"邻居们看到老奶奶惊慌失措的样子，连忙问："怎么了，出什么事了？""我回到家，你们猜怎么着？饭厅桌上竟然放着一只大烧鸡，打开还热乎乎的呢！一问才知道是俺儿子买给我的！"

这位老奶奶明着说出大岔子了，可实际上暗地里是在夸儿子孝顺呢！

在日常交流中，和同事、朋友讨论问题或者聊天时，针对一些问题，如果对方有抵触情绪，从正面说理，对方往往听不进去，但换成反面的说法，通常可以奏效。需要注意的是，恰当地运用反话正说是需要技巧的，其中最重要的关键点，就是要处理好一反一正的关系。正说时还要注意做到煞有介事，像是真的有问题的样子，使对方想听下去。然后，再以肯定的形式说出反话的内容，与正话形成强烈的反差与对比，从而产生鲜明的讽刺意味，使自己的意见表达效果更好。

第二节　美国旅游的"十大危险"

节假日我们都喜欢去旅游，现在不仅国内游火爆，而且连以前我们想都不敢想的美洲游、欧洲游也一下子变成了现实。在出游时，为了方便，我们通常会选择一家旅游服务公司。看到旅游是块大蛋糕，各地的旅游公司开得如火如荼，为了争取到更多的游客，各个公司也是八仙过海，各显神通，下面我们来看看美国一家旅游公司的招数。

美国费城一家旅游公司在印刷好的产品推荐广告背面，醒目地打出本地旅游有“十大危险”，警告游客当心。这也是采用反语的方式吸引顾客，显得别出心裁。因为这往往会吊起顾客的好奇心，想去了解是什么警告。广告的内容如下：

① 小心皮肤晒黑或脱皮，因为这里的海滩实在太迷人了，在那坐下来你就不想离开了；

② 小心撑破你的肚皮，因为这里的海鲜等食物太鲜美了；

③ 小心潜水时忘了上来换气，因为海底世界太美了，鱼儿就在你身边游来游去，周边到处都是五颜六色的珊瑚礁，仿佛置身水晶宫；

④ 小心拍照拍到手抽筋，因为这里海天一色的画面美不胜收；

⑤ 小心登山临渊累垮了你，因为这里山清水碧，空气清新，令人流连忘返；

⑥ 小心遇到艳遇不能自拔，因为这里是谈情说爱、邂逅爱情的好地方；

⑦ 小心买的东西撑破你的箱包，因为这里的东西太便宜，是购物者的天堂；

⑧ 小心被这里的酒店宠坏，因为服务太细致了，让你有回家的感觉；

⑨ 小心与本地人推心置腹，泄露了你的秘密，因为他们太友善、太好客了；

⑩ 小心不愿归家，因为这里的环境真的太适合生活了，让你乐不思蜀。

该公司独具特色的宣传广告散发后，不仅没有吓退游客，反而引起了轰动，引来了众多游客。游客们都愿意享受这“十大危险”。该公司的广告就是在利用反语进行产品营销。其实，在今天瞬息万变的世界，个人或企业要想在市场竞争中掌握主动权，谋求发展，就要十分注重营销策略，而营销策略的好坏取决于是否符合人们的逻辑思维方式。

可以说，反语是吸引人们目光的一种语言表达形式。反语以字面与隐含意义的不一致传递信息。当听众发现接收信息与现实不一致时，他就会根据自己的逻辑知识进行推理，最终理解其背后的真实含义。

第三节　得州的“肮脏牛排店”

反语的应用包括反话正说和正话反说两种情况。反话正说可以引人入胜，正话反说也同样非常有趣，若能巧妙加以运用就会达到出奇制胜的效果。

在生活中，我们多多少少都有进入简陋小饭店的经历。当你去一个城市，饥肠辘辘地想吃饭时，发现路边的一家小店的招牌上写着“肮脏牛排店”，你会进去吗？看到招牌我们脑海中大概率会浮现出脏兮兮的厨房景象，污水横流，地面乱七八糟，店面大堂内烟雾缭绕，苍蝇乱飞，这怎么吃得下去啊？你很有可能会远远躲开，去选择一家干净整洁的餐厅就餐。但是也有一种情况，就是在好奇心的引诱下，偏要进店看看，探探究竟。

在美国得克萨斯州有家著名的牛排店，店面招牌真的就是“肮脏牛排店”，如果你大着胆子进入饭店，就会发现和你想的完全不一样。店里的装修非常有特色，采用煤油灯照明，顶棚天花板上糊着厚厚一层人造灰，四周墙壁上挂着乱糟糟的纸片，墙角还摆着几件破农具、锄头、草鞋等，完全是一个农庄的样子。给你的感觉仿佛是穿越了时光，回到了几百年前。

该店还有一条有趣的规定，那就是客人一律不能打领带。如果你不知道，打着领带进去吃饭可就糟糕了，在你准备吃饭时，会有一位笑容可掬的服务生走过来，猛地拿出一把剪刀，将你的领带咔嚓一声剪去一截。当你感到莫名其妙，正准备发火时，另一个服务生会及时地递给你一杯美酒，同时也递上一份纪念品，来补偿你的领带（所以最好不要戴太贵的领带哟！），然后向你索取一张名片，在征求你的同意后，将领带与你的名片一同贴到墙上留念。这一招从未引起顾客的不快，反而使顾客们感到十分有趣。

采用“肮脏牛排店”招牌的做法实际上就是运用反语做广告，从而使用“逆向思维”的经营思路，吊足了食客的好奇心，从而将生意做得红红火火。巧用逆向思维看待事情，会取得非同一般的效果。

日常生活中运用逆向思维去思考和处理问题，很多时候更容易将事做成，但也要注意，逆向思维也不能不顾条件，刻意造作。一切都要具体问题具体分析，不可一概而论。

第四节　优秀指挥员应有“坏脾气”

西点军校是美国历史最悠久的军事学院之一。学校会经常邀请一些著名的将军到校给学生演讲。一次，一位很有幽默感的将军被邀请到西点军校发表演说，这位将军善用反语，在演说中他使用反语的方式讲述了一个优秀的军事指挥员的“坏脾气”。这些“坏脾气”不是指打人、骂人、酗酒等坏脾气，而是指一位军人应该具备的军事和人格素养。演说结束后获得了学生们的一致好评，这篇演说甚至已经成了美国西点军校的经典语录，在学生中传诵。下面就是这位将军在演说中所列举的“坏脾气”：

懒惰：不是什么事情都自己包揽，而是放手让自己的部下做更多他们能做的事；

厚颜：当你面对别人不愿干的事情，要不怕非议，挺身而出，敢于承担；

空想：总是认为不管是士兵还是军官，人人都会尽职尽力，而不逃避责任；

蛮干：对于困难的事情不能畏惧，要勇敢去做；

轻信：充分相信别人能胜任自己的工作并能圆满完成任务，不能总是怀疑别人的能力；

无知：不耻下问，经常向比你身份低的人请教，不要因为问题简单或者觉得自己身份高而不好意思；

愚蠢：埋头苦干，不计较得失，不要计较报酬和奖励；

狂妄：不盲从大人物的意见，敢于提出不同的观点和建议，向权威挑战；

违纪：在紧急的情况下，在接到上级的具体命令前就去做正确的事情，不能只是迂腐地等待，丧失机会；

无能：你不能揽下所有的工作，要讲究团队精神，求助于他人，完成你自己不能胜任的工作；

嘴快：只要是有益于他人的工作，并在纪律允许范围内，可以将掌握的信息主动地分享给需要者，不能总是以不泄密为由封锁消息；

懦弱：不怕别人的能力超过自己，不会因此而嫉妒他人。

通过分析和思考，我们发现这篇演讲采用的技巧就是典型的正话反说。将军在开始的时候直接丢出了无知、违纪、嘴快等一大堆贬义词，让学生们目瞪口呆，觉得是将军吃错了药，或自己耳朵出了毛病。但在将军具体解释后，学生们豁然开朗。

在日常生活中，有很多困境看似没有出路，但如果采用结合反语的迂回思维，不正面出击，而是从侧面或背后寻求解决方案，也许可以使问题迎刃而解。迂回思维就是真假并用，采取曲折、间接的方式，而且带有很强的假定性，把要表达的意见故意歪曲，使之耐人寻味，来使对方领悟你真正意图的一种方式。我们看这样一个故事。

前几天，隔壁老刘很心烦，原因是他家的水表突然坏了，无论用不用水，水表的数字都在不断增加，在没用水的情况下，一天要转好几吨水。老刘发现后立刻打电话通知了市自来水公司，公司答应立刻派工作人员上门查看。可是老刘心急火燎地等了三天，仍不见工作人员上门，急得老刘心脏病都快发作了。看到老刘急得像是热锅上的蚂蚁，邻居老王告诉他："我给你出个主意，你再打电话给自来水公司，就说水表不转了，用多少水也不见水表转。"老刘听了怀疑地看着老王，说："管用吗？"但转念一想反正工作人员一直不来，不如试试吧，于是回到房间又打了个电话给自来水公司。没想到过了不到二十分钟，自来水公司的维修车就到老刘家楼下了。

是不是很滑稽？这个故事虽然有些极端，但是也说明用逆向思维处理事情有助于问题的解决。

第八章 如果你是侦探——严谨的推理逻辑

什么是逻辑思维能力？逻辑思维能力是指人们具有的能够正确、合理地思考、解决问题的能力，包括对事物进行观察、比较、分析、综合，然后再经过概括、判断、抽象最后推理出结论的能力。科学的逻辑方法有助于准确而有条理地表达思维过程。它与形象思维能力是完全不同的。

逻辑思维能力很重要，因为它是数学和众多工科领域如计算机工程、机械工程、化学工程的基础，大学教育通过培养学生的逻辑思维能力，不仅可以使其更加从容地处理日常生活中出现的问题，还为他们独立进行科学研究及工程实践奠定了基础。

第一节　物理教授与化学教授

有一个趣闻，讲述的是发生在物理教授和化学教授之间的事。某天，他们一同前往市里的图书馆查阅有关科学研究的资料，办完事后已是黄昏时分，天色渐暗，距离学校还有相当长的路程，两人都有些焦急，边赶路边交谈。

物理教授："我一直在留意时间，你注意到后面那个年轻人了吗？他已经尾随我们42分钟15秒了，真不知道他有何意图。"

化学教授："天色已晚，这条路上行人稀少，他这般跟随，恐怕不怀好意。"

物理教授："那可真是糟糕，天哪！照他目前的速度，不出几分钟，他就会追上我们，这可如何是好？"

化学教授："我想我们应该加快脚步，若实在不行，就奔跑起来，别无他法。"

物理教授："但这似乎作用不大呀！"

化学教授："确实，我们加速，他也会加速，我们跑，他也会跟着跑！"

物理教授："那怎么办呢？要是继续下去，再有3分钟他就能追上我们了。”

化学教授：“我有个主意，就是分头跑，我记得前方不远处有个十字路口，我们各选一条路，这样他至多只能追上一个人，无法同时追上我们两人。”

物理教授思索片刻，觉得也没有更好的法子了，于是决定依化学教授之计行事。他们跑到十字路口，迅速分头行走。他们注意到，那个年轻人在路口迟疑了片刻，最终选择了化学教授的方向紧追不舍。

物理教授心惊胆战地奔跑着，最终安全地回到了学校。他非常担心化学教授的安全，所以没有直接回办公室，而是一直站在校门口，期盼着能看到化学教授的身影。突然，他惊喜地看到化学教授匆匆赶来了。

物理教授：“你终于回来了！太好了！快告诉我究竟发生了什么。”

化学教授：“在十字路口分开后，那个年轻人就拼命追赶我。”

物理教授：“是的，我知道，后来呢？”

化学教授：“我竭尽全力奔跑，他也竭尽全力追赶。”

物理教授：“然后呢？”

化学教授：“他追上并抓住了我。”

物理教授：“天哪！那可如何是好？”

化学教授："我并没有慌乱，而是迅速从口袋里掏出一瓶硫酸，做出要往他脸上泼的样子。"

物理教授："天哪，你！那个人呢？"

化学教授："那个人把眼睛闭上了。"

物理教授："后来发生了什么？"

化学教授："你好好想想啊，面对一个手里有硫酸的教授，他敢轻易睁开眼睛吗？于是我就趁机逃脱了，安全地跑回来了！"

化学教授为何能自救成功呢？在化学教授的逻辑中，他只是拿出硫酸，拿和收都很容易；但对于一个普通人来说，一旦硫酸溅入眼睛，后果不堪设想，他本能地闭着眼睛等待危险解除，而此时化学教授就可以趁机跑远了。

这个故事之所以有趣，就在于在整个事件的发展过程中，化学教授凭借他的化学知识，认为事情一直朝着有利于自己的方向发展，没有什么可担心的。而物理教授只是对物理现象敏感，想要做出"合理"的判断对他来说并不容易，他只能问，却无法预测事情的结果。从这个故事我们可以明白，不同人的思维方式不同，对事情发展结果的预判也不同。

第二节　你一定没好好学习

在生活中，我们经常需要对事物做出判断，但这种判断不一定具有逻辑性。一个人在进行判断的时候，可以不考虑逻辑的规律，在没有根据的前提下得出结论。而这个结论是否符合事实，需要经过认真研究才能知道答案。

有一次，作家王先生乘大巴车去西安旅行。他先把旅行包放进了车的后备箱里，然后上了车。还没有等他开口，司机就说："王先生，您准备去哪里？""你认识我吗？"作家有点诧异地问。"不，从来没有见过。""那么你怎么知道我姓王呢？"

司机说："我在报纸上看到你在山西大同的消息，又从你右手指上的墨水渍来推断，你肯定是一个作家。我认为你就是王先生！"作家大吃一惊："你能从这些细微的观察中认出我来，你和福尔摩斯不相上下。""还有一个小小的事实。""什么事实？""旅行包上写有你的名字。"

司机是怎么判定这个乘客就是作家的呢？对于司机来

说，如果没见过作家本人，没有看到报纸上的消息，只从乘车人的外貌和衣服很难判断他就是作家本人。因为很多人的衣着类似，碰到长得像的更不好区分，司机根据自己的了解进行推理。最重要的一点是作家的名字就在包上，所以就猜出来了。

曾经在报纸上看到这样一个故事。在公共汽车上，一个小男孩指着窗外某个高档小区的高楼对爸爸说："这个楼好高啊！真漂亮！爸爸，咱们干嘛不住到这呢？我喜欢这里。""这里房子很贵，你要好好学习。只有书读得好，才能住进这样漂亮的高楼。""哦，这样啊，爸爸，我知道了，你以前一定没好好学习。"听儿子这样说，爸爸面红耳赤，半天都说不出话来。车上的人全都笑了。

儿子的推理正确吗？我们知道儿子的结论是错误的。儿子的判断就是：爸爸说只要好好学习，就能住上这么漂亮的高楼；我们现在没有住上这样的高楼，所以，爸爸一定没有好好学习。其实爸爸是想根据经验告诉儿子，只有好好学习，才能有漂亮的高楼住，这个逻辑是正确的；儿子却根据他们家没有住在高楼里，就判断爸爸没有好好学习，这个逻辑是不正确的。爸爸说的是一个假言判断，儿子又用假言判断进行了再次的判断，所以得出的结论是错误的。

第三节 卓别林理发

有一个关于喜剧大师卓别林进行逻辑推理的故事。

有一天，他到一个偏远的小镇办事，突然从街边橱窗的倒影中看到自己的头发很长，觉得自己该理发了，可是在街上走了很远都没有发现理发店，后来他向当地人打听。当地人介绍说，小镇由于地理位置偏僻，人口不多，所以只有两家理发店，每家店只有一个理发师。当地人告诉了他理发店的位置，至于到哪家店就由他自己决定吧。

卓别林找了很久，终于找到了理发店。两家理发店在同一条街上，面对面。卓别林走进第一家理发店一看，不禁皱了皱眉，这家理发店看起来不怎么样：房间低矮，座椅和摆设陈旧，地上有很多没有及时清理的碎头发；理发师的头发也很难看，乱七八糟的，像个麻雀窝，耳朵旁边的头发高低不平，像是被老鼠刚啃过似的。卓别林皱着眉头退了出来。

过了街，他走进了第二家理发店。这家店和刚才的那间看起来真是天壤之别啊：房子宽敞明亮，座椅崭新，地上干净整洁，而理发师的头发也整整齐齐，精神干练……看到这儿，你猜卓别林会在哪家理发店理发呢？

卓别林会到第二家理发店理发吗？不会，卓别林又返回第一家理发店去理发了。难道是因为差一点的理发店理发价格便宜？不是。难道是卓别林想理成一个“麻雀窝”式样的发型？更不是。那么是什么原因呢？

卓别林的选择实际上经过了逻辑推理。推理过程如下：小镇偏远，既然只有两家理发店，那就可以推断第一家店理发师的头发是第二家店的理发师理的。另外，第一家理发店的地上撒满的碎头发可以说明顾客很多，也就是理发师的技术与服务肯定不错。第一家店理发师的头发是第二家店理发师理的，技术差，才会理成糟糕的发型，卓别林运用逻辑推理，做出了正确的选择。

在日常生活中也有类似的情况，比如我们去饭店吃饭，如果到了吃饭时间，饭店里到处都是人，等很久都等不到座位的话，说明这家店生意好，饭菜好吃；相反，如果饭店门可罗雀，没什么人吃饭，那你最好换一家店，否则可能会吃得很难受。

第四节　蜘蛛与广告

逻辑是智慧的体现，善于处理、解决问题的人通常比较有智慧，智商和情商都比较高，能够在解决问题时更好地运用逻辑知识。逻辑是处理棘手问题的钥匙，智慧则在逻辑运用中彰显。真正的智慧，往往闪耀着逻辑的力量。

美国著名作家马克·吐温在密苏里州办报纸时，有一次，一位读者在他的报纸中发现了一只蜘蛛，想调侃一下马克·吐温，便写信询问马克·吐温："这个情况是吉兆还是凶兆？"马克·吐温读了信件后，知道读者想调侃他，于是给他回信道："亲爱的先生，您在报纸里发现一只蜘蛛，既不是吉兆，也不是凶兆，说明蜘蛛先生正在看报纸，想看看哪家未做广告，好到他家里去结网，过安静日子。"

在这个故事里面，马克·吐温用幽默的方法告诉读者蜘蛛不预测凶吉，只是在寻找居住地。如果以正常人的逻辑来看，肯定会为读者分析，比如说是喜蛛，会发财；或者说是凶蛛，会有血光之灾；等等。马克·吐温却不解释，只开了个小玩笑。读者看到后，肯定不会揪着不放，而是开心一笑后继续放心阅读。这里，马克·吐温就运用幽默逻辑来化解读者提出的难题。

第九章
做一个懂逻辑的人——生活中的逻辑思维

第一节　逆向思维——另辟蹊径，柳暗花明

在逻辑学中，逆向思维是一种可以在生活中应用的思考问题的方式，它要求我们从与常规思维方式相反或对立的角度审视问题，从而得出新的结论或解决方案。这种思维方式强调打破传统思维框架的束缚，寻找非常规的、创新性的解决路径。

逻辑学中的逆向思维一共包括三种，分别是反转型逆向思维、转换型逆向思维、缺点型逆向思维。

反转型逆向思维——工程师李明的创新之路

在一次团队讨论会上，工程师李明拿着一块正在测试中的

金属片向团队成员展示。他指着因为通电而变热的金属片说："大家看，当电流通过这块金属片时，它的温度会上升，同时它的体积也会发生微小的变化。"一个年轻的工程师小王疑惑地问："这是由于热胀冷缩的原理吗？"

李明点了点头，眼中却闪过一丝灵光。他放下手中的金属片，陷入了沉思。没一会儿他自言自语道："既然电流能改变金属的温度，进而引起体积的变化，那么反过来，如果我们能观测到金属体积的变化，不也就能推断出电流的强度了吗？"

这个想法让李明兴奋不已。他意识到，这个反转型逆向思维的想法或许能解决当时工业界在测量电流强度时遇到的难题，也许还能解除一些在测量精度和实时监测方面的限制。

李明立刻投入到了新的研究，经过无数次实验和改进，他最终利用金属在不同电流强度下的体积变化原理，设计出了一种新型的电流计。这种电流计不仅测量精度高，而且响应速度快，能够实时监测电流的变化。

当李明将这个新型电流计展示给团队成员时，整个团队都为之欢呼。他们惊叹于李明这种反转型逆向思维的创新能力，正是这种能力为团队带来了新的希望和动力。

我们在解决问题时，不要拘泥于传统的思维方式。有时候，反向思考，从问题的另一面入手，或许能为我们带来意想不到的惊喜和突破。

转换型逆向思维是逻辑学中的一种逆向思维方式。当我们遇到困难或问题时，不妨转换一下思考的角度，问题往往会迎刃而解。

转换型逆向思维——画家小刘的创新画布

画家小刘在创作过程中遇到了一个棘手的问题：他常用的画布在长时间绘画后，会因为颜料的自然渗透和干燥而变得表面不平整，严重影响了作品的质感和观感。尽管市面上有多种特殊画布可以尝试，但高昂的价格让他望而却步。

面对这一挑战，小刘陷入了沉思。他开始不断地转换思路，寻找解决办法。终于，他意识到与其不断尝试各种昂贵的特殊画布，不如从现有画布的缺点出发，寻找一种将缺点转化为优点的方法。

小刘想到，画布表面的不平整其实是颜料自然渗透和干燥形成的独特纹理，这些纹理虽然不是传统意义上的平滑表面，但或许能够赋予作品一种独特的艺术效果。于是，他决定放大这一“缺点”，尝试利用这种纹理来创作。

小刘开始了一系列试验，他使用不同材质的画布、不同浓度的颜料和不同的绘画技巧，探索如何在保持作品质量的同时，将画布表面的不平整转化为一种独特的艺术元素。经过反复尝试和调整，他终于找到了一种方法，能够在画布表面形成自然而不规则的纹理，这些纹理不仅没有影响作品的观感，反而为作品增添了一种独特的韵味和深度。

小刘的这一创新方法很快在画界引起了关注。他的画作因其独特的纹理和质感而备受赞誉，他也因此成了一位备受瞩目的画家。

这个故事展示了转换型逆向思维的力量。当我们面对问题和挑战时，不要一味地寻求避免缺点的方法，而是要学会将缺点转化为优点，从中寻找创新的可能性。通过转换思维的角度，我们或许能够发现意想不到的解决方案，实现自我突破和成长。

缺点型逆向思维——李明和他的爱犬小黑

李明是一位忙碌的程序员，和他一起生活的是爱犬小黑。他们原本住在一个宽敞舒适的公寓里，但随着工作的变动，李明逐渐难以承担高额的房租。更糟糕的是，房东突然决定要卖掉公寓，要求他尽快搬离。

李明带着小黑在城市里四处寻找新的住处，但大多数房东都因为小黑不愿意租房给他。毕竟，很多人都不喜欢家里有小动物，担心它们会弄脏房子或者吵闹到邻居。

就在李明几乎要放弃的时候，他在一个安静的社区里看到了一张租房启事。他立刻拨打了启事上的电话号码，对面传来一位中年男士的声音。男士向李明介绍他的房子宽敞且设施完善，租金也很合理，听起来非常适合李明和小黑。

然而，当李明带着小黑来到房子前，男士却皱了皱眉，看着小黑说："我很抱歉，我的房子不租给养宠物的租户，我担心狗狗会损坏家具或者吵到邻居。"

李明顿时感到很沮丧，找到合适的住处已经很困难，现在这个可能的机会又因为小黑而泡汤了。就在他准备带着小黑离开时，小黑却突然跑到男士面前，摇起了尾巴，并轻轻地舔了舔男士的手。

李明见状，赶紧向男士说："先生，小黑只是陪伴我的宠物。我保证它会非常乖，不会损坏任何东西，也不会吵到邻居。而且，我可以多支付一个月的租金作为保证金。"

男士看着小黑可爱的样子，又听了李明的保证，突然改变了主意。他说："好吧，我被打动了。但我希望你真的能够遵守承诺，爱惜这个房子，不要打扰邻居。"

李明感激地点点头，终于找到了一个可以和小黑一起安家的地方。

缺点型逆向思维告诉我们，面对困难，不要轻易放弃。通过转换思路，利用一些巧妙的方法，往往能够找到解决问题的新途径。

第二节 发散型思维——花式答案层出不穷

发散型思维在逻辑学中也称为“多向思维”或者“扩散思维”。发散型思维是从同一个出发点开始思考，不停地向周边发散的一种思维状态。

运用发散型思维可以帮助我们通过不同的途径寻找不同的可能性，从而创造更多的答案。有意地训练自己的发散型思维，可以大幅度地提高我们的逻辑能力。

王老师微笑着环顾四周，她轻轻放下手中的教材，指着一图形问道：“你们谁能告诉我，这是什么？”在王老师期待的目光下，学生们面面相觑，教室里一片寂静。王老师拿起点名册，随机点了一个名字：“小杨，你来说说看，这是什么？”

小杨有些紧张，他站起来，声音有些颤抖：“这，这是一个三角形……”他小心翼翼地回答道。班上顿时传出了窃笑声。

王老师微微笑了笑，让他坐下，然后又叫了另一个学生。面对王老师的询问，那个学生深吸一口气，勇敢地回答：“这是一个用黑色马克笔画的等边三角形……”

王老师满意地点点头，示意他坐下，然后打开了教室的多媒体设备：“现在，我们来看一段视频。”

轻快的旋律响起，视频中出现了一个艺术课堂的场景。一位美术老师正指着一块画布上的三角形问学生们：“同学们，你们觉得这幅画上的三角形代表什么呢？”

“是金字塔！”

“不对，是山峰！”

“是我家的屋顶！”

“我觉得它像一块美味的三明治！”

视频里的学生纷纷举手，争先恐后地给出自己的答案，每个答案都充满了创意和想象力。

王老师关掉视频，微笑着对大家说：“看，同样是一个三角形，不同的人却有不同的解读。这就是发散型思维的魅力。在学习和生活中，我们要学会从不同的角度去看待问题，这样才能发现更多的可能性和机会。”

学生们听了王老师的话，纷纷点头表示赞同，教室里充满了活跃的气氛。

发散型思维能够使我们突破固有的思维框架，实现更多的可能性，从而突破僵化的思维桎梏，实现思维创新的突破，有助于我们以一种全新的眼光和视野看待世界，取得创新性的成就。

第三节　博弈思维——选择公交车的智慧

博弈思维在生活中的体现是：当我们需要实现某个目标时，常常会面临多种不同的方法和路径。这时，我们不能轻率地做出选择，而应当通过理性分析，找出最有效、最合理的解决方案或行动方法。这种思维方式，在逻辑学中被称为博弈思维。

李明性格内敛，做事沉稳，善于观察，总是习惯性地运用博弈思维来分析生活中的各种情境，并据此做出决策。这种独特的思维方式让他的生活异常顺利。下面以一次他乘坐公交车的经历为例。

一天，李明在公交车站等待，看到面前并排停着两辆即将出发的公交车。一辆车上已经坐满了乘客，门口还站着几位等待上车的人；另一辆车则空座位较多，只有少数几位乘客。大多数人看到这种情况，可能会不假思索地选择那辆空座多的车，但李明停下脚步，开始运用博弈思维进行分析。

他注意到，虽然那辆空座多的车看似更吸引人，但它到达目的地经过的站点比另一辆车多很多，中途停靠更为频繁。这意味着如果选择那辆车，可能会因为多次的停靠而耽误时间。而另一辆车虽然当前人多，但由于停靠站点少，实际上可能能更快到达目的地。

此外，李明还观察到，那辆人多的车上虽然站着几位乘客，但其中大部分人的神情都显得较为平静，没有焦急等待的表情。这说明他们可能都是常坐这趟车的乘客，了解这趟车的实际运行时间。

基于这些观察和分析，李明果断地选择了那辆人多的车。事实证明他的决策是正确的，尽管他在上车前需要稍微思考一下，但由于停靠站点少，他最终比选择另一辆车的人更早地到达了目的地。

这次经历展示了李明独特的博弈思维。他不仅仅看到了眼前的现象，更能深入分析和预测未来事情发展的可能性，从而做出了更符合自己利益的决策。

在日常生活中，我们运用博弈思维思考的结果，往往不仅仅取决于我们自己的选择，也取决于其他人的选择。因此，我们在做决策的时候，要对选择方案进行纵向的比较，不仅要考虑自己的决策会对其他人造成怎样的影响，还要思考他人在面对这种决策时会做出何种反应，要充分考虑其他人可能采取的行为对自己产生的影响。

在做决策的时候理性分析每一步的策略及其后果，才能使自己立于不败之地，最终取得胜利。

第四节　假设思维——喜获提拔的小强

逻辑学中的假设思维指的是在解决问题前先做出一个假设，然后根据假设再做进一步的思考、分析与质疑的一种思维方式。

假设思维要求我们先根据客观存在的事实或者依据材料事先对事件进行假定、预设，再逐步解决问题。假设思维方式的最大特点在于具有极强的推测性，并且，这种思维方式在生活中的实践性很强。

新上任的项目经理李明在接手一个大型项目时，发现团队中有一个名叫小强的年轻工程师。他技术扎实，工作勤奋，并且总是乐于助人。但奇怪的是，小强已经在公司工作多年，却从未得到过重要的晋升。李明对此感到十分困惑。

为了了解其中的缘由，李明决定找公司的 CEO（首席执行官）聊一聊。CEO 告诉李明，尽管小强在工作上表现出色，但他的团队协作能力有待提高，这让公司在考虑对他的晋升时有些犹豫。

李明听后并没有直接反驳，而是向 CEO 讲述了一个关于小强最近负责项目中的故事。

李明向 CEO 说明："这个项目非常复杂，涉及多个部门的协同工作，而且时间紧迫，资源有限。在项目初期，由于各个部门之间沟通不畅，项目进展缓慢，甚至出现了多次返工的情况。然而，就在这时，小强展现出了出色的能力。他并没有抱怨或指责其他团队，而是主动架起团队的沟通桥梁，耐心地与每个部门的成员进行交流，了解他们的需求和困难，然后积极协调各方资源，最终使项目得以顺利推进，并按时交付了高质量的成果。"

李明总结说："如果没有小强，我们很可能无法按时完成这个项目。他的耐心、同理心和卓越的沟通能力，使得团队能够在压力下保持团结，共同面对挑战。虽然他可能某些方面还有待提高，但他的这些长处已经足以让我们看到他的价值。"

这是一个成功运用假设思维解决问题的例子。李明假设如果没有小强，这个项目将会面临失败，这样的假设让 CEO 意识到了小强在团队协作中的重要作用，也让他看到了小强未被发掘的长处。最终，CEO决定给小强一个重要的晋升机会，而团队的其他成员也很赞赏李明的明智决策。

在日常生活中，总有一些难题是我们无法用顺向或者逆向思维去解决的，此时，不妨尝试用假设思维去试试。根据已知的条件提出一个假设的结果，再围绕这个结果对问题展开分析。这样，一些复杂、隐蔽的信息就会显露出来，问题或许会更加明朗，成功解决问题的概率也会更大。

第五节　类比思维——充满魅力的植物园设计理念

生活中很多棘手的问题都可以用类比思维去解决。类比思维指的是通过类比两个或者两类对象，找出这两个或两类对象之间的一个共同特点，把一个对象的特点迁移到另一个对象上去，进而成功解决问题的思维方法。

园艺设计师林韵在规划一座大型植物园时，对园区的布局设计感到迷茫。尽管她拥有丰富的园艺知识和经验，但面对如此大规模的项目，她还是感到灵感的匮乏，不知用什么来引领整个设计。

一天，林韵决定去郊外寻找灵感。在漫步于一片广袤的田野时，她注意到了一块由村民们共同耕种的菜园。这些村民并没有遵循传统方式，将同种蔬菜整齐地种植在田地里，而是按照自己的喜好和需要在田地里随意种植了各种蔬菜。尽管看起来有些杂乱无章，但这样的布局却使整个菜园显得生机勃勃，充满了自然的魅力。

在继续前行的过程中，林韵遇到了一位在菜园里劳作的老者。她询问老者为何会选择这样的种植方式。老者告诉她，这是他们村的传统，每个人都可以按照自己的方式在菜园里种植自己喜欢的蔬菜。这样做不仅提高了村民们的积极性，还使菜园变得更加多样化，吸引了更多的游客前来参观。

听到这里，林韵心中一动。她意识到，这样的种植方式其实蕴含了一种“自然选择”的智慧。在自然界中，生物总是按照最适合自己的方式生长和繁衍，而这种“自然选择”的过程也塑造了各种生物的独特性和多样性。

回到工作室后，林韵开始着手设计植物园。她决定借鉴菜园的经验，采用一种“自然选择”的设计理念。她首先在植物园内撒下了各种草籽和花卉种子，然后让植物自由生长。随着时间的推移，那些适应环境、生长良好的植物会逐渐占据优势，形成独特的景观。

植物园开放后，游客们惊喜地发现这里不仅风景优美，还处处充满了带有自然感的生命力。游客们纷纷表示，这样的设计让他们感受到了大自然的神奇和魅力。

通过运用类比思维，林韵成功地将一种看似简单的菜园种植方式转化为一种独特的植物园设计理念。她的作品不仅深受游客青睐，更被公认为园艺设计领域的经典范例。

类比思维能够将固有的知识与经验和陌生的问题关联起来，是一种创造性的解决问题的方式。在两个看似毫无关联的对象之间，通过运用类比思维，产生一种创新性的解决问题的方法，是一种思维的扩展与深化。

第六节　求易思维——垃圾分类

在很多人的观念里，求易思维是一种逃避现实的偷懒思维，实际上并不是这样。在逻辑学中，求易思维能够将事情化繁为简，节省时间，提高效率并成功解决问题。

在一个宁静的小镇上，居民们每天都过着平淡而规律的生活。但最近小镇上的居民们遇到了一个共同的困扰——镇上的垃圾桶总是堆满了垃圾，垃圾不仅影响了小镇的整洁，还散发出难闻的气味。

小镇的居民们开始讨论如何解决这个问题。有人提议增加垃圾桶的数量，有人认为应该加大垃圾清理的频率，还有人建议对乱扔垃圾的行为进行惩罚。可这些提议要么成本高昂，要么实施起来困难重重。

就在这时，一位名叫小明的年轻人站了出来。他仔细观察了小镇垃圾桶的使用情况，发现问题的根源并不在于垃圾桶的数量或垃圾的清理频率，而在于居民们对垃圾分类认识的不清晰。他注意到，很多人并不知道哪些垃圾应该放在可回收垃圾桶里，哪些应该放在普通垃圾桶里。

小明运用求易思维，想到了一个简单而有效的解决方案。他建议小镇的每个家庭都配备一套清晰的垃圾分类指南，并在垃圾桶上贴上分类标志。这样一来，居民们就能轻松地将垃圾进行分类投放，减少因分类不清而导致的垃圾桶满溢问题。

小镇的居民们对这个提议表示热烈的欢迎和支持。很快，小镇上家家户户都收到了垃圾分类指南，垃圾桶也贴上了醒目的分类标志。经过一段时间的实施，小镇的垃圾问题得到了显著改善，垃圾桶再也没有像以前那样堆满垃圾，小镇的环境也变得更加整洁、宜人。

在面对问题时，我们往往容易陷入复杂和烦琐的解决方案中，而忽略了简单而有效的方法。小明通过观察和思考找到了产生问题的真正原因，并运用求易思维提出了一个简单而实用的解决方案，最终成功地解决了小镇的垃圾问题。

运用求易思维解决问题的最关键环节在于“抓住最重要的信息”，对复杂信息进行加工，才能将烦琐的事情简单化。在面对复杂问题时，我们应该保持清晰的思维，寻找最简单有效的解决方法。

第七节　组合思维——美丽的温室花园

组合思维通过将看起来似乎没有很大关联的事物在大脑中进行连接，并且将这些部分合成一个整体，从而发挥团体协作的巨大力量。

李华热衷于园艺，他在繁忙的工作之余，总是喜欢在自家的花园里种植各种各样的花草。春天和夏天是李华最喜欢的两个季节，因为这时他的花园里百花盛开，一片生机盎然。然而，每当冬天来临，他的花园就会变得萧瑟起来。他只能在温暖的季节里享受到园艺的乐趣。

李华不禁开始思考："难道园艺的乐趣只能在温暖的季节里体验吗？有没有一种方法让我在寒冷的冬天也能继续享受园艺呢？"这个问题一直萦绕在他的心头。

有一天，李华在花园里闲逛时，目光被一只正在土里掘食的松鼠吸引了。他注意到，尽管是在冬天，松鼠却仍然能够在厚厚的雪地里找到食物。这个情景给了李华一些启发。

他开始思考："如果我能将园艺与某种能在冬天活动的元素结合起来，是不是就能在冬天继续享受园艺的快乐了呢？"他的脑海中浮现出了温室的形象。温室营造了一个可以人为控制温度、湿度和光照的环境，是园艺爱好者在寒冷季节种植植物的理想场所。

李华决定将自己的花园改造成一个小型的温室。他设计了一个透明的玻璃房，安装了供暖设备和植物生长灯，以模拟植物在春天和夏天的生长环境。他还考虑到了通风和灌溉的问题，为温室配备了自动通风系统和滴灌设备。

经过一段时间的施工和调试，李华的小温室终于建成了。他在温室里种下了各种花草，并精心照料它们。很快，他的温室里就充满了生机，即使在寒冷的冬天，也能看到鲜花盛开、绿叶繁茂的景象。

李华利用组合思维，将园艺和温室的概念结合起来，创造出了一个全新的园艺环境。这让他不仅能在冬天继续享受到园艺的乐趣，还能为自己的生活增添别样的色彩。

我们要善于运用逻辑学的组合思维，寻找不同事物的最佳组合，从而实现“1+1 ＞ 2”的组合效果。

第十章
破解难题——巧妙的演绎推理工具

演绎推理，是一种常见的推理形式，是从一般性的前提出发，通过推导，得出结论的过程。演绎推理的逻辑形式对思维的严密性、一贯性起着重要作用。演绎推理保证推理有效的根据并不在于它的内容，而在于它的形式。逻辑和数学公理的证明中通常需要采用演绎推理。其基本形式有三段论、假言推理、选言推理、关系推理等。

第一节　猫与战争

在战争史上，有一只非常有名的波斯猫。故事发生在第一次世界大战期间。在一次德法战争中，德军参谋使用望远镜观察敌方的阵地时，突然发现对方阵地上一个固定位置处多次出现一只波斯猫。根据经验，他推断这一定不会是普通士兵的猫，因为普通士兵不可能在战场上养猫，更不可能养这么名贵的波斯猫。所以他认为波斯猫一定是某个指挥官的，于是推断出这里有可能是法军的指挥部。

根据这个推理获得结论后，参谋立刻报告上级，由此德军调动了三个团的炮火将波斯猫出现的区域全部轰炸了一遍。一只猫把法军指挥部给害了，猫自然也跟着牺牲了。这个故事说明军队指挥员应具有明察秋毫的逻辑推理能力，打仗更多的是依靠智慧，而不能仅仅依靠蛮干。

还有一个故事发生在第二次世界大战期间，德军指挥部经过周密策划，企图对苏联军队的阵地实施突然袭击。一支德军先遣部队因此悄悄潜伏到苏军阵地前的一片灌木丛中。然而令德军始料不及的是，一名苏军侦察员在侦察前沿阵地时发现，阵地前一棵小树的弯曲方向竟然与风向恰好相反。根据丰富的经验，他立即判断其中有问题，并建议炮兵立刻进行袭击。在苏军猛烈的炮火打击下，德军损伤惨重，整个突袭计划全部落空。

苏军侦察员能够发现德军是由于一个德军士兵不慎将武器挂在了树上，造成树枝弯曲方向与风向相反。如果苏军侦察员在看到这个现象时不敏感，或者没有进行相应的逻辑推理，就会失去打击敌人的机会，甚至赔上自己的性命。

第二节 “通古斯陨石”之谜

1908 年 6 月 30 日早晨，西伯利亚通古斯地区的森林上空，飞过了一个大火球。很快，这火球变成直冲云霄的火柱，大地随即发生了强烈的震动，几百公里内房屋里的器皿颤动不已，时钟停摆，好像发生了地震一样。周边上千公里内都明显感觉到了震动。这是科幻大片吗？不是。这是真实的历史事件，是历史上著名的“通古斯大爆炸”。是一颗直径 65 米左右的石质小行星引发的。

科学家们经过详细的演算和逻辑推理，认为几千吨重的巨大陨石，在穿过大气层以后，以宇宙速度冲到地面，巨大的动能转变为热能，于是产生了爆炸。

为了探究真实情况，从 1917 年起，先后有多个考察队到西伯利亚通古斯地区进行考察，其中 1927 年科学家库利克率领的考察队在通古斯地区待的时间最久，他们驻扎在那里进行了长期考察工作。考察队经过认真考察后发现，在受破坏最大的爆炸中心，大量的树木被烧死了，只留下些光秃秃的树干。通常情况下，根据常识，陨石会在地面形成深坑，陨石主体埋入地下，在深坑周围会散落着很多石头碎块。但奇怪的是，通古斯地区到处找不到陨石，陨石究竟去哪里了呢?

附近有一个大沼泽，考察队怀疑陨石掉到了沼泽地，沉下去了。于是考察队耗时很久排干了沼泽的水，使用钻机等机械设备在深坑周边四处钻探，甚至直接钻到地下冻土层25米处，也没有找到陨石的任何痕迹，最后只好放弃了。后来还有其他的考察队陆陆续续地寻找了十多次，足迹遍布了这一带，仍然没有发现陨石。因此，许多科学家认为，这次灾变不是由陨石坠地引起的。

那么“这次灾变不是由陨石坠地引起的”的结论是如何得出的呢？这里可以使用三段论进行推理。三段论是演绎推理的一种主要形式。它是以直言判断为前提的一种演绎推理。它借助于一个共同项，根据大前提和小前提，把两个直言判断联系起来，从而得出结论。这个三段论的大前提是“凡是陨石坠地引起的灾变总有陨石残迹”，小前提是“通古斯灾变地区找不到陨石残迹”，结论是“通古斯地区灾变不是由陨石坠地引起的”。

第三节　奇妙的逻辑

鲁迅的《论辩的魂灵》里面有几则关于逻辑的诡辩，很有意思。比如说："你说中国不好。你是外国人么？为什么不到外国去？可惜外国人看你不起。"再比如："你说甲生疮。甲是中国人，你就是说中国人生疮了。既然中国人生疮，你是中国人，就是你也生疮了。你既然也生疮，你就和甲一样。而你只说甲生疮，则竟无自知之明，你的话还有什么价值？倘你没有生疮，是说诳也。"

有一句话更好玩："你自以为是'人'，我却以为非也。我是畜类，现在我就叫你爹爹。你既然是畜类的爹爹，当然也就是畜类了。"《论辩的魂灵》中罗列的一连串关于逻辑的诡辩主要是使用三段论推理的方式，下面我们对此作具体分析。

1. 形式错误的三段论推理

①"洋奴会说洋话。你主张读洋书，就是洋奴。"这句话包含的三段论形式是：

洋奴会说洋话；

你主张读洋书（即“会说洋话”）；

所以，你就是洋奴。

此三段论的中项处在大、小前提的谓项，且都不周延，违反“中项在前提中至少周延一次”的三段论规则，犯了“中项不周延”的逻辑错误。

②“你说中国不好。你是外国人么？为什么不到外国去？”这句话的三段论形式是：

外国人是说中国不好的（省略大前提）；

如果以“所有A是B”为大前提，以“C是B”为小前提，则不能得出结论。在前提中大项“说中国不好”是肯定判断的谓项，它是不周延的。根据三段论的规则（前提中不周延的项，在结论中也不得周延），因此不能必然得出“你是外国人”的结论。

③“你说甲生疮。甲是中国人，你就是说中国人生疮了。”这句话的三段论形式是：

甲生疮；

甲是中国人；

所以，中国人生疮。

此三段论的小项“中国人”在小前提中不周延，在结论里却周延，显然违反了“前提中不周延的项在结论里也不得周延”的规则，犯了“小项不当周延”的逻辑错误。

2. 前提虚假的三段论推理

“你是外国人么？为什么不到外国去？”这句话包含了一个省略的三段论：

外国人都应到外国去；

你是外国人；

所以，你应到外国去。

此三段论的小前提是由前面形式错误的三段论推理得出的结论（大前提也是虚假命题）。由此构成的三段论，虽然形式有效，但其结论是荒谬的。同样“中国人生疮，你是中国人，就是你也生疮了”的大前提“中国人生疮”也是由前面形式错误的三段论推出的荒谬结论，因而是前提虚假的三段论推理。所以，用形式错误的三段论推理得出的荒谬结论作为另一个三段论的前提，必是虚假的前提，由此构成的推理必然不能得出正确的结论。

总之，任何命题都是对事物情况的陈述，都有真假。一个陈述的事物情况符合客观实际的命题是真命题，否则是假命题。以真命题作为前提的推理，其前提是真实前提；以假命题作为前提的推理，其前提是虚假前提。在一个三段论推理中，前提的真实性和形式的正确性既是统一的，又是相对独立的。只有前提真实并且形式正确的三段论，才能必然地得出真实的结论；

前提不真实或形式不正确的三段论，都不能保证必然地得出真实的结论。

第四节 不诚实的老头

从前，有一个年轻人要出远门。他和邻居家的一个老头平时关系处得很好，没事的时候经常在一起下棋、聊天。出门前，他不想带太多的钱，为了安全，他把自己的2000元钱寄存在老头那儿。老头拍胸脯请年轻人放心，等他回来，钱将一分不少地归还给他。年轻人办完事从远方返回后，需要用钱，于是去找老头想要回这笔钱。哪知老头翻脸不认账，硬说年轻人讹诈他，年轻人根本没有将钱放在他那儿。年轻人很生气，就到法院里告状，想要讨回自己的钱。法官受理了此案，派人给老头送去了传票，开庭之日，法官问老头究竟拿过钱没有。

老头在法庭上连哭带闹，矢口否认。法官又问年轻人有没有证人，年轻人回答："当时走得匆忙，又相信他，所以没有其他人在场。"法官又问他在哪里把钱交给这个老头的。年轻人回答："在老头家附近的一棵大榕树底下。"法官说："那就好办了，你现在就到大树那里去，就说我传它到法庭问话。"年轻人看看法官，发愁地问："法官大人，我对大树说，它也听不懂啊。”法官说：“你可以和工作人员一起把我的传票带去，吓唬吓唬它，它就会来了。”年轻人只好和工作人员一起带着传票朝大树走去。那个老头觉得法官太笨了，年轻人的钱看来是讹定了，心中窃喜。

法官和老头在法庭上等他们回来，过了大约半个小时，法官看了看太阳，问老头：“他们走到大树跟前了吗？”老头回答说：“还没到呢。”又过了一个小时，法官又说：“年轻人他们现在该在回来的路上了吧？”老头说：“应该往回走了。”过了一会儿，年轻人果然回来了。不过他愁眉苦脸地说：“法官大人，大树不跟我来呀，我拿您给的传票吓唬它也没用，大树还是待在那里啊，工作人员可以作证呢！”

法官笑着说：“诚实的年轻人，你不用着急，现在我可以判决了，这个老头不诚实，他一定要还钱给你的。”

请问法官为什么说老头不诚实，并判决他必须还钱呢？实际上法官是通过试探老头来进行逻辑推理的。推理过程如下：年轻人说在一棵大树下把钱交给老头。如果这话是假的，那么，老头应该不会知道是什么地方的哪棵树。这样，当法官问老头“他们走到大树跟前了吗？”和“年轻人他们现在该在回来的路上了吧？”的问题时，老头应该回答“我不知道”。然而，老头知道这棵树在哪里，可见年轻人说的话是真的。因此，断定这个老头不诚实。

法官运用了充分条件假言推理的否定后件式的规则来进行推论。例如：如果某人得了肺炎，他就一定要发烧；小李没发烧，所以，小李没得肺炎。这个充分条件假言推理，就是否定后件式，推理过程符合推理规则，所以这个推理是正确的。

第五节　耶稣裹尸布的真伪

都灵大教堂，位于意大利的第三大城市都灵市。教堂建成于 1498 年，因为珍藏着一件绝世圣物而举世闻名，那就是耶稣的裹尸布。最早发现该物品的是法国人。据说布上的人影不仅容貌酷似传说中的基督，且还有血迹。该圣物是耶稣遇难后包裹其尸体的布，由细亚麻织成，供放在一只精致的盒子里，终年摆在教堂的圣坛上。

这块裹尸布最早在 1356 年展示，此后的 600 多年里，其真伪问题一直激发着人们激烈的争论。信徒们对此意见不一。一些信徒把它奉为至高无上的圣物，不许任何人对它有一丝一毫的亵渎和不敬，另一些信徒却认为它是好事者伪造出来的赝品。

有一次，S1、S2、S3、S4、S5 五个在神学院读书的学生到都灵旅行。他们专门去都灵大教堂看了裹尸布，还针对它的真伪问题发表了自己的看法。

S1 说："这件圣物一定是真的。如果它是假的，那么它就不可能在 600 多年里一直被基督徒们所敬奉。他们都非常虔诚地敬奉它，可见它是真的。"

S2 说："我也相信这件圣物是真的。耶稣是被钉死在十字架上的，那时手腕上、大腿上一定流了大量的血。如果这件圣物是真的，那么，它上面必定也有大量的血迹。现在我们亲眼看到它上面有斑斑的血迹，可见它是真的。"

S3 说："我同意 S2 的分析，另外我还要补充一个理由，那就是只有这块布上有血迹，它才有可能是圣物；正如 S2 所说的，它上面有很多血迹，可见一定是圣物。"

S4 说："我不同意说它是圣物。根据一些纺织史的专家分析，在欧洲，细亚麻布直到公元 2 世纪才出现。如果这块布真的是耶稣的裹尸布，耶稣应该是公元 2 世纪以后才受难的。但是《圣经》记载，耶稣是公元 1 世纪受难的，根据科学分析，时间上不对，所以它一定是伪造的圣物。"

S5 说："纺织史专家的说法不一定可靠，最可靠的方法是用'碳 14 测定法'进行测定。如果这块细亚麻布是圣物，它应该是公元 1 世纪的纺织品。我建议用'碳 14 测定法'去测定一下，如果确实是公元 1 世纪的纺织品，我们就可以确定它是圣物了。”

请问这五名学生的推理谁正确、谁错误？这五名学生的推理都是运用假言推理来进行的。他们的言论是否正确需要借助假言推理的逻辑规则来审查。

S1 的看法实际上是一个充分条件假言推理的否定后件式。这个推理就其形式结构来说是正确的（符合“否定后件，就要否定前件”的假言推理规则），但是它的假言前提本身是错误的。因为“如果它是假的，那么它就不可能在 600 多年里一直被基督徒们所敬奉”这一充分条件假言推理在事实上是不成立的。由于一些宗教行为的影响，可能即使这块裹尸布是假的，也会在 600 多年的时间里一直为基督徒们所敬奉。所以，它的推理结论——“这件圣物是真的”并不是真实的。

S2 的看法实际上也是一个充分条件假言推理。这个推理从推理形式上就是错误的，因为它是通过肯定后件来肯定前件的，而这违反了充分条件假言推理的规则。

S3 的看法实际上是一个必要条件假言推理，它从肯定前件到肯定后件，违反了必要条件假言推理的推理规则。

S4 的看法是运用充分条件假言推理的否定后件式，即通过否定后件来否定前件，这符合充分条件假言推理的规则，因而其推理是合乎逻辑的。

S5 的看法也是一个充分条件假言推理，但它是从肯定后件到肯定前件，违反了充分条件假言推理的规则，因而其推理是不合逻辑的。

第六节　林肯的辩护词

林肯是美国历史上最杰出的总统之一。美国曾于 2005 年举办“最伟大的美国人”线上票选活动，林肯被选为美国最伟大人物中的第二位。他在成为美国总统以前是一名出色的律师，曾为被告作过一次精彩的辩护，这次辩护在当时的律师界引起了轰动，被广泛流传。案件的情况如下。

一个叫作小阿姆斯特朗的犯罪嫌疑人被指控犯有“谋财害命罪”，一个叫福尔逊的证人作证说：“我在 10 月 18 日晚上目睹被告用枪打死了被害者。”林肯被请来为小阿姆斯特朗进行无罪辩护。在辩护前，林肯认真查看了卷宗，找到了很多破绽。辩护过程如下：

林肯：“你发誓说你在那天晚上看清楚的人就是被告？”

福尔逊：“是的。”

林肯：“根据卷宗上的描述，你在草堆后，被告在大树下，你们之间的距离有 20 ~ 30 米，你能看清楚吗？”

福尔逊：“当时有月亮，外面很亮，看得很清楚。”

林肯：“你确定不是根据被告的衣服判断的吗？”

福尔逊：“不是的，我看清了他的脸，因为当时月光正照在他的脸上。”

林肯：“你能肯定是在晚上 11 点吗？”

福尔逊：“肯定，我回到房间时看了手表，那时正好是 11 点 15 分。”

林肯：“很抱歉，我不得不告诉大家，这个证人是个典型的骗子！他说在 10 月 18 日晚上 11 点看清了被告的脸。根据常识，我们知道 10 月 18 日应该是上弦月，晚上 11 点还会有月光吗？也许他会说由于过了一段时间，所以具体时间记不准了，早点的话，月亮还没有下山，但月光应该是从西往东照，那么草堆在东，而大树在西，若被告的脸面对草堆，月光只能照到被告的后脑壳上，无法照到脸上，证人怎么可能从 20 米以外的距离看清被告的脸呢？如果被告脸朝西，月光确实可以照到脸上，但是证人的证词说自己在大树东边的草堆后面，那么据此推理，证人是无法看到被告的脸的。”

林肯怎么发现是证人作假证的呢？他在预先了解卷宗后发现问题，然后在掌握客观规律的前提下，运用必要条件推理和二难推理反驳了证人的证词。

首先，他用必要条件推理的否定前件式证明福尔逊的证词不成立：

只有在月光照射下，才能看清被告的脸；

10 月 18 日晚上 11 点没有月光；

所以，证人不可能看清被告的脸。

其次，用二难推理的方法可以进一步证明，即使当天晚上有月光，也无法看清被告的脸。若被告脸朝西，月光可以照到脸上，但是证人根本看不到被告的脸；如果被告脸朝东，月光只能照到他的后脑壳，那么证人无法看到月光照在被告脸上。

所以，林肯通过这两个推理，得到证人或者根本看不到被告的脸，或者看不到月光照在被告脸上的结论，从而将证人福尔逊的证词彻底推翻，使得犯罪嫌疑人小阿姆斯特朗被判无罪释放，林肯也因打赢此案而声名鹊起。林肯在此案中的辩论，充分彰显了他缜密的逻辑推理能力与逻辑的强大力量。

第七节　各自考上哪所大学

一年一度的高考结束了，某小区的周亮、何芳、欧红分别被华东师范大学、上海交通大学以及复旦大学录取。邻居们只知道他/她们三个考上了这三所大学，并不知道谁考上了哪所大学，于是晚饭后在一起聊天时，他们就开始推测了。

邻居甲说："我想一定是周亮考上上海交通大学，欧红考上复旦大学。"

邻居乙说："我认为是周亮考上复旦大学，何芳考上上海交通大学。"

邻居丙说："你们猜得不对，我认为周亮考上华东师范大学，欧红考上上海交通大学。"

最后在知道答案时，邻居们发现自己都只猜对了一半。请问，他/她们三人分别考上哪所大学？

可以采用假言推理和选言推理相结合的方式进行推理。推理过程如下。假设邻居甲猜测的前一句话是正确的。那么，他猜测的欧红考上复旦大学就不对了。欧红考上哪所大学呢？可运用选言推理进行推论：欧红要么考上上海交通大学，要么考上华东师范大学。已知欧红没有考上上海交通大学（因为已假定周亮考上上海交通大学为真），所以她肯定考上华东师范大学。如果欧红考上华东师范大学，那么邻居丙猜测的后一句就错了；如果邻居丙的后一句话是错的，那么前一句话就对了，即周亮考上华东师范大学。

这个结论显然和条件相矛盾，原因在于：①周亮不可能一个人同时考上两所大学；②周亮、欧红两人不可能考上同一所大学。也就是说，如果假设邻居甲猜测的前一句话是正确的，那就会导致逻辑矛盾。所以，可以断定这个假设不成立。这个推理过程运用了充分条件假言推理的否定后件式规则。

如果这个假设不成立，周亮考上上海交通大学就是错的，而欧红考上复旦大学就是对的了。如果欧红考上复旦大学，那么邻居丙的后一句话欧红考上上海交通大学就不对。这样，邻居丙的前一句周亮考上华东师范大学就是对的。通过这一个纯假言推理，可以得出周亮考上华东师范大学的结论。

最后，运用选言推理，可推断出何芳考上上海交通大学。所以结论就是周亮考上华东师范大学，欧红考上复旦大学，何芳考上上海交通大学。

第八节　狗和海螺

"狗和海螺"是一个寓言故事，说的是，一只狗喜欢吃鸡蛋（很奇怪的爱好！）。久而久之，它认为"一切鸡蛋都是圆的"。有一次，它看见一个圆圆的海螺，看起来和鸡蛋一样，以为是鸡蛋，于是张大了嘴，一口就把海螺吞下去了。后来它感到肚子很难受，很痛苦，也不知道为什么。

寓言中的这只狗，因为相信“一切鸡蛋都是圆的”而错吃了海螺，这在逻辑上犯了什么错误呢?

寓言中的狗，由于吃鸡蛋久了，逐渐形成了“一切鸡蛋都是圆的”的结论，这看起来没有问题。但问题是它从“一切鸡蛋都是圆的”推理出“一切圆的都是鸡蛋”，这就错了。因为，从“一切鸡蛋都是圆的”推出“一切圆的都是鸡蛋”，这是一个错误地运用换位法进行的直接推理。

我们知道，直接推理是以一个判断为前提推出结论的推理。换位法直接推理是直接推理的一种形式，就是通过改变前提（即直言判断）的主项和谓项的位置而得到结论（即新的直言判断）的直接推理，即：在进行推理时，将前提的主项放在谓项的位置，将谓项放在主项的位置，从而得到一个新的结论。

寓言中的狗所犯的正是这种逻辑错误。对“一切鸡蛋都是圆的”这个判断进行换位时，必须严格遵守换位法的规则，不能简单地换成“一切圆的都是鸡蛋”，只能限制范围，变成“有的”，也就是说“有的圆的是鸡蛋”才是正确的，寓言中的狗不懂得这一点，以为“一切圆的都是鸡蛋”，违反了逻辑规则，吃了海螺，使自己难受了。

生活中也有很多这样的例子。一次女儿和母亲说她发现每一个理发店旁边都有一个宠物店，母亲好奇地问她：“你怎么得出这个结论的？”她说：“你看我们小区的理发店边上有一个宠物店，我外婆家门口的理发店边上也有一个宠物店，所以我认为‘每一个理发店旁边都有一个宠物店’。”这个结论实际上也是女儿错误地运用换位法进行了直接推理。

第九节　神机妙算的算命先生

几年前，我的一位朋友去汉阳归元寺数罗汉，从寺中出来时，算命先生拦住了他要给他算命，说如果算不准的话不用给钱。算命先生看着他说：“你正在为感情的事烦恼，其他方面都很顺利。”他心里一惊，这段时间他正为此困扰呢，惊觉遇到了大师，连忙问：“那该怎么办？”大师不语，他看了看大师忽然明白了，连忙掏出钱递给他。算命先生说：“你的个性有点儿优柔寡断，所以造成现在的局面。”然后，算命先生轻轻吐出七个字：“顺势而为，别强求。”

来寺里游玩的人有那么多，算命先生怎么偏偏知道他有感情困扰呢？又怎么知道他优柔寡断呢？朋友回寝室后一回忆，才意识到在大师陈述的过程中，他表示了极大的认同和兴趣，并随着大师的思路说出了他自己的犹豫，想到这儿，朋友有点明白大师为什么能算命了。

从前有一个算命先生，在家门口挂了一个招牌，写着“神机妙算，一次1000元！如果算不准，保证退钱”。由于这个算命先生小有名气，所以很多人都争相来算命。

一个卖碗的商人（简称碗商）来算命。收了1000元后，算命先生对他说：“你如果碰到从东方来的人，就会赚到钱。”商人想到今天会赚钱，就开开心心地离开了。又有卖麦芽糖的商人（简称麦芽糖商）、卖糕饼的商人（简称糕饼商）与卖肉的商人（简称肉商）先后都来算命，算命先生依样画葫芦，送了同样的话给他们，然后把他们打发走了。

当天晚上，碗商兴奋地跑来说：“我真的碰到来自山东的客户，从我这里买了几百套碗，赚了很多钱，您真是水平太高了。”算命先生笑着说：“那是当然了，以后要算什么的话欢迎再来啊。”

碗商走了一会儿，麦芽糖商生气地找来了，大声说：“你算得根本就不准！我今天遇到从浙江来的客户，谈了很长时间，但是最后没谈妥，浪费了我很多时间，却一分钱也没赚到！”算命先生说：“有点奇怪，不过既然没算准，钱就还给你吧。”

麦芽糖商走后，糕饼商也生气地跑进来说：“今天我都没赚到钱，把我的钱还给我！”算命先生看了他一眼说：“你今天是否有碰到来自东方的人呢？”糕饼商说：“没有，只碰到来自广东的人。”“那就对啦，我是说你如果碰到从东方来的人就会赚钱，可没说碰到从南方来的人会赚钱啊。广东的人当然是来自南方的啦，所以你没有赚钱。”糕饼商认为有道理，就没有要钱直接回去了。

最后肉商来了。他说：“今天我的确是赚到了钱，但不是碰到来自东方的人，而是碰到来自北京（北方）的人。所以你算错了吧？”算命先生说：“我是说你如果碰到从东方来的人就会赚钱，何时说你碰到从北方来的人就不会赚钱了？我可没这么说。”肉商觉得有理，点点头回去了。

当所有人走后，算命先生很开心地笑了，自言自语：“谁说赚钱难啊，赚钱其实很简单嘛！我给四个人一样的答案，竟然有三个是准确的，赚了 3000 元啊，哈哈哈！”

那么故事中的算命先生是怎么忽悠大家的呢？

（1）算命先生的条件命题

设定 l = 碰上来自东方的人，m = 赚到钱。

算命先生的预言可以表示为条件命题：如果 l 则 m。

（2）四种可能情形

l 真且 m 真：碰到来自东方的人且赚到钱。

l 真且 m 假：碰到来自东方的人但未赚到钱。

l假且m真：未碰到来自东方的人但赚到钱。

l假且m假：未碰到来自东方的人且未赚到钱。

（3）逻辑游戏

算命先生利用了条件命题的特性：只有当l真且m假时，预言才为假，需退款。在其他三种情况下（l真且m真，l假且m真，l假且m假），他都能通过逻辑游戏（如重新定义“东方”或“赚到钱”）来避免退款。

（4）概率分析

从概率上看，预言为真的情形占四分之三（l真且m真，l假且m真，l假且m假），预言为假的情形只占四分之一（l真且m假）。

因此，即使承诺算不准就退钱，算命先生仍有很大概率赚到钱。

算命先生的行为涉及逻辑上的模糊性和歧义性，通过重新定义条件和结果来逃避验证。他利用客户的心理预期和结果导向思维，通过逻辑游戏来维护自己的信誉和赚取金钱。这种行为实际上是一种欺骗和操纵，违背了逻辑和道德原则。

第十一章 善于总结，触类旁通——归纳和类比逻辑推理

归纳推理和类比推理是常用的两种推理方式。归纳推理是根据一类事物的部分对象具有某种性质，推出这类事物的所有对象都具有这种性质的推理过程。归纳是从特殊到一般的过程，它属于合情推理。类比推理简称类推、类比，是以两个事物某些属性相同的判断为前提，推出两个事物的其他属性也相同的结论的推理。

第一节　独特的解雇员工的办法

一家著名的跨国公司有 1000 名雇员。由于处于经济危机时

期，公司的效益不好，为了压缩成本，公司不得不陆续解雇一些员工。一段时间后公司人人自危，气氛紧张，为了缓和矛盾，该公司想出了一个独特的解雇员工的办法。那就是：任何人都不会被告知他被解雇了，只是被通知今天有人被解雇了。每一个预计将被解雇的员工推出他将被解雇的结论，就会主动辞职，而不是等着被解雇。公司一旦打算解雇某个员工，除了这个员工以外，公司里的其他人都会立即收到电子邮件通知。

没有人忍心把被解雇的坏消息告诉当事人，在长期的磨砺中，员工们学会了不动声色。当一个同事注定要被解雇时，其他人还是会按部就班地工作。如果一个员工推断出他将要被解雇，那么次日早晨他就会主动提出辞职。有一天，这个公司被一个大公司吞并了，新上任的老总宣布公司裁员。自从宣布裁员后，整整 1000 天没有任何人辞职，但是没等到第 1001 夜到来，所有人都辞职了。请问这是怎么回事？

可以采用数学归纳法对解雇过程进行分析。先证明，只有 1 个人会被解雇，当且仅当只有 1 个人在第 2 天辞职，此后无人辞职（即以 1 个人辞职为必要条件）。被解雇的人会想既然有人辞职了，自己应该知道那个人的名字，而自己却不知道，因此自己一定被解雇了。

其余收到邮件通知的员工会进行如下推理：要么包括我在

内两个人被解雇了，要么只有 1 个人被解雇了。大家都知道只有 1 个人被解雇，这个人第 2 天会辞职，这意味着若第 2 天没人辞职，自己就被解雇了。由于大家都这么推理，因此所有收到 1 个名字的邮件的人都不会在那个人辞职前辞职，于是大家都能推出如果自己没被解雇，第 2 天就不会有人辞职，这就是说一旦有人辞职，这些人就会知道自己没有被解雇。

假设有两个人被解雇了，那么被解雇的两个人每人收到一份只有一个名字的名单。在第 1 天晚上，这两个人都会这么想：要么包括我在内有两个人被解雇了，要么只有 1 个人被解雇。根据前面的讨论，后一种情况下有 1 个人会在第 2 天辞职。因此这两个人都会等到第 3 天，如果有人在第 2 天辞职了，自己就不需要辞职了，如果没人在第 2 天辞职，自己就需要辞职。

其余人会想：要么包括我在内的 3 个人被解雇了，要么只有两个人被解雇。如果是后一种情况，第 3 天就会有人辞职，由于收到包含两个名字名单的人都这样想，大家都会等待第 3 天的到来，就会造成这天无人辞职。因此若第 3 天有人辞职了，这些人就不用辞职。

如果公司要解雇 1000 个人，那么在第 1001 天的早上所有人都会辞职。推理过程之所以成立，是因为我们可以设想别人是怎么想的，而别人也可以设想我们是怎么想的，而且，在多数情况下大家的想法相同。当然这是一种非常理想的状况，假设其中有一个逻辑推理能力不强的人，突然提前辞职，整个逻辑推理就不成立了。

第二节　受干扰的雷达

第二次世界大战期间，1942年2月的一天，德国空军飞临英国城市上空准备空袭，英国雷达发现目标后立即向指挥部发出警示，指挥部下令高炮部队立即开火，击落了多架德国飞机。但是在战斗过程中，英国指挥部经常接到许多高炮部队的报告：炮瞄雷达突然受到干扰，影响战斗，否则可以击落更多敌机。问题反馈到了伦敦战略研究中心，为了查找问题的缘由，中心的科学家电询炮瞄雷达的操纵员们："在什么情况下，雷达会受到干扰？"操纵员们回答："通常当敌机从太阳底下钻出来时，雷达就会受到干扰。"

科学家为了验证雷达受干扰是否和太阳有关，在考文垂向多个高炮部队的指挥官们进行了调研。指挥官们反映的情况基本类似："敌机一旦接近太阳，我们的雷达就'瞎了眼'。"经过多次调查研究，科学家发现，尽管各个部队所处的环境不同，使用的雷达不同，操作的时间不同，但有一点却是相同的：每当炮瞄雷达对准太阳时，就会受到干扰。

那科学家是怎么得出太阳干扰了雷达的结论呢？这里科学家就是运用了契合法进行推理。契合法也叫求同法，是由英国哲学家约翰·穆勒提出的，是探求现象间因果联系的方法之一。主要内容是：被研究的现象在不同场合出现，在各个场合中只有一个情况是共同的，那么这个共同情况与被研究现象之间就有因果联系。

求同法就是从错综复杂的不同场合中，排除不相干的因素，找出共同的因素，确定与被考察现象的因果联系。但运用求同法要注意各场合中有无其他的共同情况，要确保各场合中的共同情况是唯一的。进行比较的场合越多，结论的可靠性就越高。

例如，在20世纪，一些人的甲状腺肿大，人们不知道是什么原因导致的，后来医疗工作者对甲状腺肿大发病多的地区进行调查和比较后发现，尽管这些地区的人口、气候、风俗等状况不太相同，但相同的是土壤和水流中都缺少碘元素，居民的食物和饮水中也缺少碘，由此得出结论：缺碘是引起甲状腺肿大的原因。

另外，在雨过天晴、阳光乍现的场合会出现彩虹，瀑布前面有阳光斜照的场合也会出现彩虹，在这两个场合中只有一种情况是共同的——阳光穿过密集的水珠。由此认定这种情况是产生彩虹的原因。

第三节　白求恩医生的报告

加拿大的国际主义战士、著名胸外科专家白求恩大夫为我们所熟知，他放弃了自己国家优越的生活条件，不远万里来到我国帮助人们一起抗击日本侵略者。作为医疗工作的总结，他曾经写过一份著名的报告——《在冀中四个月的工作报告》。在报告中他记录了给两个被子弹打穿肠子的伤员做手术的情况。当时战地医院设在一个寺庙里。一天晚上，一阵急促的脚步声过后，抬进来一个重伤员。白求恩连忙问："什么时候受的伤？伤在哪里？""凌晨3点，肠子被打穿了。"送来的人回答说。白求恩看了下手表说："哎呀，不好，已经18个小时了，赶快准备手术。"白求恩打开伤员的腹部一看，腹腔内积满了血，情况非常危急，在蜡烛和手电筒的光亮下，他细心而迅速地给这位伤员完成了手术。

手术完成后，过了一会儿又一个重伤员被抬进来。白求恩连忙又问："什么时候受的伤？伤在哪里？""已经8个小时了，肠子被打穿了。"送来的人回答道。白求恩简单查看了伤员的伤口，不顾刚刚做完手术的疲劳，坚决地说："立刻上手术台！"白求恩打开他的腹部一看，真是太巧合了！这个伤员受伤的情况和刚才的那个伤员几乎完全相同。在蜡烛和手电筒的光亮下，白求恩又迅速地给这位伤员完成了手术。

第二天，第一个伤员在呻吟中死去了。而第二个伤员病情稳定，过了十多天，平安出院了。白求恩感慨地说："生与死就是 8 小时与 18 小时的区别啊！"他在日记中写道："两个同样病情的伤员，第一个在受伤 18 个小时后动手术，第二个在受伤 8 个小时后动手术，但 1 个死亡，1 个存活。可见，伤后及时抢救，及时动手术多么重要。"

"伤后及时抢救，及时动手术多么重要"，这个结论是如何得出的呢？这里白求恩大夫就是采用求异法得出这个结论的。所谓求异法就是通过考察被研究现象出现和不出现的两个场合，确定在这两个场合中是否只有一个情况不同，如果是，那么这个不同情况与被研究现象之间有因果联系。要正确运用求异法，必须：确定被研究现象（结果）出现和不出现的两个场合；分析两个场合先行情况中的变化因素和不变因素，确定其中是否只有一个因素不同。

白求恩的推理如下：两个伤员的伤势，做手术的地点、条件、主刀医生和助手都是相同的，唯一不同的就是他们受伤后的手术时间不同，那么这个唯一不同的情况就是导致第一个伤员死亡的原因。下面还有两个使用求异法进行推理的例子。

物理教学中，在讲解二力平衡时，物理老师首先给出二力平衡的实例，即两个力满足同物、同线、等大、反向的条件。再给出一个例子，此时两个力满足同物、等大、反向的条件，结果物体受力不平衡，由此归纳出二力平衡必须有同线这个条件。此处所用归纳法即求异法。

化学教学中，在讲解催化剂概念时，安排如下两个演示实验：一个实验是$KClO_3$加热熔化后，虽有O_2产生，但速度很慢；另一个实验是向加热后的$KClO_3$迅速撒入少量MnO_2，立即有大量的O_2放出。由以上两个实验，得出MnO_2是O_2快速放出原因的结论。此处所用归纳法同样也是求异法。

第四节　爱心捐款

王玲家不幸遭受火灾，家里的东西全部被烧毁，消息传到她所在的学校，学校团支部组织开展献爱心的捐款活动。王玲所在的班级更是积极响应。大家把自己的零花钱、压岁钱、买礼物的钱都拿了出来，捐款的钱由班级里面的三个中队委负责收集，最后一起交到班长王晓峰手里。放学后，清点捐款总数为 2850 元。

班主任周老师、班长、三个中队委还有几个同学一起找到王玲临时借住的邻居家，表示慰问，并将装了钱的信封交到王玲父母手上，王玲的父母感动得不知道说什么好。

第二天上学的时候，王玲问班长："昨天你交给我父母多少钱？""2850元啊，怎么了？"王玲说："奇怪了，怎么是2900元呢？"王晓峰说："不会啊，昨天我们几个数了好几遍呢。"周老师说："是不是班上每个人都捐款了？""除了黄日华没有捐，其他同学都捐了，主要是因为他的家庭比较困难，父母都下岗了，家里还有生病的老人。"王晓峰回答道。"那昨天他有没有去呢？"周老师接着问道。"去了，他说我们不让他捐款，总应该让他去看看，表示一下心意。""那我知道了，这肯定是黄日华捐的钱。你们去问问他吧。"

王晓峰找到黄日华问："你是不是捐了50元给王玲家啊？"黄日华见无法隐瞒了，只好说："是我捐的，我们家条件不好，你们不让我捐款，但是我作为班级一员，大家一直帮助我，我想表示一下自己的心意。"

这里周老师断定"另外还有人捐了50元"的结论是怎么推理出来的呢？她采用的是求因果联系的剩余法。剩余法的规则是如果已知某一复合现象是另一复合现象的原因，同时又知前一现象中的某一部分是后一现象中的某一部分的原因，那么，前一现象的其余部分与后一现象的其余部分有因果联系。全班捐款 2900 元，但是统计只有 2850 元，那就是有人偷着捐了 50 元。

居里夫人发现镭，实际上就是用了剩余法进行逻辑推理。居里夫人已知纯铀发出的放射线的强度，并且已知一定量的沥青矿石所含的纯铀数量。但是，她观察到，一定量的沥青矿石发出的放射线非常强，要比它所含的纯铀发出的放射线强许多倍。由此，她推出在沥青矿石中一定还含有其他放射性极强的元素。经过数年如一日的反复实验与艰辛提炼，她终于发现了镭。

第五节　经济学家与总统

在社会生活中与人交往时，一定要看清对方是个什么样的人，见什么人说什么话，才能话语投机，交流思想，沟通感情，产生共鸣。否则，无异于对牛弹琴，话不投机，导致谈话双方不欢而散。

1939 年，著名物理学家尼尔斯·玻尔向科学界公布了铀裂变的消息。同时，他们也知道希特勒已经在秘密研制威力极大的原子弹。他们很希望美国抢在希特勒的前面制造出原子弹。但就连最初了解原子弹潜力的陆军高层，也因其惊人的投资成本而不敢轻易下决心研发。

第二次世界大战爆发后，战争形势紧张，盟军处于下风，于是研制原子弹的要求再一次被提出，核物理学家西拉德说服爱因斯坦一起签署了一封请求信件后，委托美国经济学家萨克斯面呈总统罗斯福，信的内容是敦促美国政府抢在希特勒前研制成功原子弹。

据说在1939年10月的一天，萨克斯郑重地向罗斯福面呈了爱因斯坦的长信，可是罗斯福听不懂那深奥的科学论述，显得漠不关心。罗斯福说："这些都很有趣，不过政府现阶段还不宜干预。"萨克斯讲了半天也无法说服罗斯福，只好向总统告辞。罗斯福为表示歉意，邀请萨克斯第二天共进早餐。

未能说服罗斯福的萨克斯整夜辗转难眠，苦苦思索着说服总统的办法。第二天早晨，萨克斯与罗斯福共进早餐时，罗斯福说："今天不谈原子弹的事了，明白吗？"

"好啊，今天我们聊聊历史吧，"萨克斯胸有成竹地说，"英法战争期间，欧洲霸主拿破仑在海上屡战屡败。这时，美国发明家富尔顿建议在战舰上装上蒸汽机，把木板换成钢板，砍掉战舰上的桅杆，撤去船帆。拿破仑并不认同他的观点，认为他在胡扯，把富尔顿轰了出去。结果拿破仑惨败。"萨克斯讲完后，若有所思地看着罗斯福。

罗斯福定神沉思了几分钟，然后取出一瓶白兰地，斟满了酒，把酒递给了萨克斯，说道:“你赢了！”萨克斯顿时热泪盈眶，他为总统终于同意研发原子弹而高兴。这个故事的真实与否已不可考，但萨克斯为说服罗斯福的确运用了逻辑学中的技巧。

那萨克斯是怎么说服罗斯福的呢？萨克斯运用的就是类比推理。他首先分析了罗斯福和拿破仑在这个问题上的共同点：政府需要强有力的武器。拿破仑需要蒸汽船，而罗斯福需要原子弹。接着他以拿破仑不听科学家的建议失败了，推出“如果罗斯福不听科学家的建议也会失败”的结论，从而使罗斯福下决心制造原子弹。

第六节 “叩诊”方法

类比推理是形成科学假说的重要推理形式。在科学史上，许多重要的科学假说都是利用类比推理的思维方法建立起来的。

19世纪中叶，奥地利首都维也纳有一位名叫奥恩布鲁格的医生。有一次，他给一位病人看病，没有检查出什么严重疾病，但病人很快就死了。他很难过，想搞清楚究竟是为什么。经病人的家属同意后，他解剖了尸体，经过认真查看，他发现病人的胸腔积满脓水。奥恩布鲁格想，遇到这样的病人，按照传统的办法是无法发现问题的，那么以后再碰到这样的病人应如何正确进行诊断呢？看着胸腔，他忽然想起父亲在经营酒店时，常用手指关节敲木质酒桶，听到噗噗的叩击声，就能估量出木桶中还有多少酒。

他恍然大悟，人们的胸腔不也像酒桶吗？如果能够像敲酒桶一样发现问题不就可以正确进行诊断了吗？于是他反复探索胸部疾病和叩击声音之间的关系，经过多次临床试验终于发明了“叩诊”这一医疗方法，并发表了题为《用叩诊人体胸廓发现胸腔内部疾病的新方法》的医学论文。

奥恩布鲁格是如何发明“叩诊”方法的呢？在这个故事中，我们看到奥恩布鲁格就是运用类比推理把“酒桶和装酒量”与“人的胸腔和胸腔积液”作类比，发现两者具有同是封闭的物体、内藏液体、叩击时能发出声音等共性，从而根据“叩桶知酒量”推出“叩胸知病情”的结论。此外，科学史上，许多重大理论的提出都运用了类比推理。例如，惠更斯为光的波动说奠定了系统基础，而卢瑟福则受天体运行启发，提出了被称为“行星模型”的原子核式结构。

第七节　珍妮纺纱机

18世纪60年代初，在英国兰开郡布莱克本地区，一个叫哈格里夫斯的人和妻子靠织布和纺纱生活。一天，哈格里夫斯在织布时，看妻子纺纱不小心将纺车碰倒了。纺车上的纺锤从水平变成垂直，立了起来。但是纺锤仍然骨碌碌地转动着。

哈格里夫斯看呆了，他想原来纺锤立着也能转动！忽然灵机一动，如果在一个框子中并排立上这么几个纺锤，用一个纺轮带动它们同时转动，不就可以同时纺出几根纱来了吗？根据这个想法他立刻做了一个有立式纺锤的纺车，在一个框子上并排安置了8个纺锤，用手轮一摇，同时就纺出了8根线，工效提高了7倍。

这就是著名的珍妮纺纱机。珍妮纺纱机的发明成了“摇撼旧世界基础”的杠杆，由此带来了一场新的工业革命。

人类发展史上的许多重大发明，都是模仿生物的结果。例如：

① 模仿蝙蝠利用超声波来辨别物体位置，发明了超声波探

测仪。超声波探测仪被广泛应用在工业上，实现了对金属的无损检测。

② 根据鱼的潜游发明了潜水艇。美国独立战争期间，英军凭借着优良的军舰大炮，使美国海防遭受重创。有一天，美国士兵布什内尔在海边散步，看到一条大鱼从水底偷偷游过来，猛地向一群小鱼发动突袭。他立刻灵光一现："如果我们模拟鱼的潜游建造作战船舰，不就可以神不知鬼不觉地干掉英军了吗？"他请示了上级，上级高层很重视他的想法，给他配备了人员和实验室，研究潜水艇。不久布什内尔设计并建造出了第一艘潜艇。潜艇在与英军作战中发挥了重要作用。此后，人类利用仿生学原理发明了很多的日常用品、生产工具、科学仪器。

著名天文学家开普勒曾称类比推理是"自然奥秘的参与者"和自己"最好的老师"。物理学家牛顿发现万有引力、瓦特改进蒸汽机、施旺发现动物细胞中的细胞核等科学发现和发明创造都和类比推理有着密切关系。

第八节　仿生机器人

类比推理在人们认识客观世界和改造客观世界的活动中，

具有非常重要的意义。一些重要的科学理论的提出及机器的发明，最初都是通过类比推理产生的，例如根据树叶的锯齿形状发明了锯子，根据风筝在天空中飞翔的原理发明了飞机等。在20世纪60年代还出现了专门的仿生学。

“仿生机器人”是指模仿生物外形、运动或功能特性的机器人。目前，这类机器人已应用于环境监测、家庭服务与辅助医疗等多个领域。

20世纪90年代初，美国布鲁克斯教授研制出昆虫机器人，昆虫机器人不会思考，只能按照程序动作；圣迭戈市的电子机器鸟能模仿母兀鹰，准时给小兀鹰喂食；美国研制的金枪鱼潜艇可以像真的鱼一样游动。金枪鱼潜艇的灵活性远远高于现有的潜艇，几乎可以到达水下任何区域，由人远程遥控，可以深入海底深处的海沟和洞穴，进行深海探测，也可以溜进敌方的港口，进行侦察。金枪鱼潜艇作为侦察和探索工具，其应用前景十分广阔。另外日本和俄罗斯合作研制的电子机器蟹，能够进行深海探测、采集岩样、捕捉海底生物以及海下焊接等复杂工作。

通过以上这些仿生机器人的实例，我们可以发现类比推理在人类创造性思维活动中发挥了重要作用。类比推理不受对象类别的限制，只要两个对象在某些方面相同或相似，就可以类比。因此，类比推理具有启发思路、触类旁通的作用，为科学研究和技术发明提供了重要的帮助。

第九节　国企厂长的机械类比

为了体现民主和工人的主人翁地位，某机械制造厂会定期举行厂长和工人的对话会。在一次对话会上，工人们要求厂长实行真正的民主化管理，不要只喊口号和走形式，要求制定合理的决策流程，将企业中的重大问题提交职工代表大会讨论，以充分体现工人的主人翁地位。厂长说，他不会同意这样做。他说："我是厂长，我要对企业和大家负责，厂内的重大事宜都应该由我自己进行决策。举个例子，这如同火车司机一样，什么时候启动机车，中间碰到意外情况如何处理，如何把握前进的方向，如何掌握速度的快慢，都应该由火车司机决定。你们说，司机会在发生意外情况时找检修工商量如何处理吗？企业的其他角色如同司炉、检修工，只管添煤和检修，能够做好自己的本职工作就可以了。如果大家都冲着司机大喊大叫，那还要当司机的干什么？出了行车事故谁负责？所以我们要各司其职，各负其责，大家不要干涉企业发展决策的事情，只管干好本职工作，就是帮了企业的大忙了。"

厂长的这一番话说得对吗？实际上厂长的话犯了机械类比的错误。厂长与司机，工人与司炉、检修工之间有相同的一面，也有不同的一面。工人是企业的主人翁，当然有权参与民主管理，而司机与司炉、检修工只是工作的分工不同，司炉、检修工是无权过问司机的工作的。这位厂长把“厂长在企业中的中心作用”跟“厂长独裁，自己一个人说了算”混淆了。

生活中很多人也会犯机械类比的错误。例如：

① 有的同学说：“我读了一篇文坛新秀的散文，字数不多，只有1000字，读起来很顺，非常优美，据说是2023年获奖的作品；我刚刚读了你写的这篇散文，字数差不多也有1000字，语言也很流畅自然，你去参加征文比赛吧，一定能得奖。”

② 张博经常锻炼，身体非常棒，并且他的爸爸、妈妈还给他请了家庭教师，帮他去年考上了重点大学；陈勇的身体也很棒，家里也请了家庭教师，所以今年他一定也能考上重点大学。

前面这两个类比中，第一个例子是比较两篇散文，两篇散文看起来很相似，字数都是1000字，可读性都很高，虽进行类比推理，但前提和结论没有必然联系。第二个例子谈到的“身体健康”是考上大学的必要条件，而不是充分条件。家里请了家庭教师是外因，而起决定作用的是内因——学生是否愿意好好学习。如果陈勇成绩不好，前面其他两个条件虽然与张博一样，也不一定能考上重点大学。在这两个例子中，人们推论的结论并不准确的原因是：机械类比得出的结论并不可靠，甚至是有误的。

第十二章
谈判逻辑——敏锐的商业思维

谈判不仅仅是一场心理较量，更是一场逻辑知识的较量。在谈判中，双方往往会提出各种观点和诉求，信息繁杂，立场多样。拥有逻辑知识的人能够迅速识别关键信息，明确谈判的目标和底线，避免被无关紧要的细节所干扰。

我们应该注重培养自己的逻辑思维能力，善于运用逻辑知识来指导实践，以期在激烈的商业竞争中脱颖而出。

第一节　谈判的常见逻辑——三段论

"三段论"结构在谈判中经常被用到。世界上最早提出"三段论"的是古希腊哲学家亚里士多德。那么，如何运用"三段论”的逻辑增加谈判的说服力呢？首先要掌握“三段论”的谈判逻辑要点。

“三段论”属于逻辑学中演绎推理的内容，是一种形式逻辑。“三段论”基于两个前提（一个大前提和一个小前提）得出一个结论。如果大前提为真，小前提也为真，那么结论必为真。

“三段论”是逻辑学中的精华，并且在生活和谈判中应用极广。在谈判中，“三段论”比其他的逻辑形式更受追捧。掌握好“三段论”，就掌握了谈判的逻辑学技巧。

大前提：所有的哺乳动物都有脊椎。（这是一个普遍性的陈述，涵盖了所有哺乳动物的特征）

小前提：猫是哺乳动物。（这是一个具体的实例，将猫归类为哺乳动物）

结论：因此，猫有脊椎。

这个“三段论”推理过程可以这样表述。

大前提：我们从一个普遍性的真理出发，即所有哺乳动物都有脊椎。这是基于我们对生物学的普遍认知，这一前提是真实且无可争议的。

小前提：我们具体到一个实例——猫。基于我们对动物的分类知识，我们知道猫是哺乳动物的一种。

结论：根据大前提和小前提，我们进行逻辑推理。既然所有哺乳动物都有脊椎，而猫是哺乳动物的一种，那么可以推断出猫也有脊椎。

这个“三段论”例子展示了逻辑推理的基本过程，即从一般到特殊的演绎推理。在这个例子中，结论是直接从前提中推导出来的，没有涉及任何新的信息或假设。因此，只要前提真实，结论就必然真实。

但是，在谈判中，对方为了赢得谈判的胜利，通常会在“三段论”中应用同义词或者近义词偷换概念，对我们进行迷惑，从而扰乱我们的思考过程。

以下例子就是在“三段论”中利用了逻辑学中的同义词或近义词偷换概念，混淆了视听。

大前提：科学家是具备深厚专业知识和出色研究能力的人。

小前提：王先生是一位优秀的数学家。

结论：因此，王先生是一个在科学领域有着杰出贡献的科学家。

在这个例子中，虽然“科学家”和“数学家”在广义上都是从事研究的专业人员，但在具体的使用中，它们的指代含义是有差异的。

大前提中的“科学家”通常指的是在自然科学或社会科学领域有广泛研究并取得显著成就的人，而小前提中的“数学家”特指那些在数学领域有专业研究并取得成就的人。

这个错误的三段论，通过将“数学家”偷换为“科学家”，试图让读者或听者认为王先生不仅在数学领域有成就，还在整个科学领域有着杰出的贡献。这种推理实际上是利用了同义词或近义词之间的细微差异来误导读者或听者，使得结论超出了原有前提能够支持的范围。这种偷换概念的文字技巧可能导致读者或听者产生误解，错误地评估王先生的专业成就和贡献范围。

在谈判中，我们一定要注意谈判对手是不是故意在用逻辑学中“三段论”的“偷换概念”或者“同义替换”来迷惑自己。这些“大前提”和“小前提”听起来似乎非常有道理，但是，我们应用逻辑学知识进行分析，会发现实际上漏洞百出，根本不值得相信。因此，我们可以通过逻辑分析打败对方。

第二节　谈判的博弈技巧——“先动优势”“后动优势”与“最后通牒”

谈判中，我们要学会运用逻辑学中的“先动优势”“后动优势”与“最后通牒”小技巧，与谈判方进行充分博弈，赢得谈判的胜利。

“先动优势”与“后动优势”的区别在于，前者掌握的是“位置”优势，而后者掌握的是“信息”优势。

一名出色的律师为父亲与地产开发商就一处老旧房屋的拆迁补偿事宜展开交涉。开发商的法务代表试探性地询问：“律师先生，久仰您的大名，您处理的案件往往涉及高额赔偿。恐怕我们这次无法像您的其他案件那样给出高额的补偿。我们初步提议的补偿金额是5万元，您觉得这个提议如何？”

律师保持着专业的冷静，他深知在谈判中，首次提出的条件往往是一个试探。根据经验，无论对方提出的条件如何，他都会以一副深思熟虑的模样给出回应，等待对方的进一步动作。

果然，开发商的法务代表见律师没有立刻答应，便有些坐不住了："如果我们这个提议不能让您满意的话，那我们愿意增加到 7 万元，您觉得如何？"

"这个提议我仍然需要考虑。"律师回答道。

法务代表开始有些紧张了，他知道这次谈判遇到了硬茬："那么，我们再加 2 万元，达到 9 万元，这应该能满足您的期望了吧？"

律师微微一笑，似乎并没有被这个数字打动："9 万元？我需要再考虑一下。"

法务代表此时已经有些焦虑了，他深知这次谈判的重要性，于是决定给出最后的底线："好吧，我们再加 2 万元，一共是 11 万元。这真的是我们最后的底线了，希望您能认真考虑。"

"好的，既然这是你们最后的底线，那我们就接受这个提议吧。"律师终于点了点头，给出了肯定的答复。

上面这个故事中，这名出色的律师就是掌握了"补偿金额"的"信息"优势，后发制人，充分利用了逻辑学中的"后动优势"。

掌握好了逻辑学中的博弈技巧，根据谈判的实际情况，采取"先动优势""后动优势"与"最后通牒"的谈判策略，能够有力地与对方讨价还价并取得谈判的胜利。

第三节　二选一的谈判技巧——“非 A 即 B”

在谈判中，很多高手都会运用“非 A 即 B”的谈判技巧。当谈判的一方刻意制造出两个选项“A”和“B”时，谈判另一方就会不自觉地被带入“非 A 即 B”的逻辑中。这个时候，无论对方选“A”还是选“B”，都会给出设计选项的谈判方所期待的答案。

当你走进一家书店，刚刚找了个安静的角落坐下，准备享受一段宁静的阅读时光时，店员便热情地走近：“女士，您好。我们店里最近上架了一些新的畅销书，您感兴趣吗？您比较喜欢读历史小说还是悬疑小说呢？”“悬疑小说。”你毫不犹豫地回答，差点忘记了自己原本只是来书店寻找一本关于园艺的书。

不远处，一位年轻人正站在电子产品区，目光在各式各样的耳机之间徘徊，犹豫不决。就在这时，销售员走上前来，手中拿着两款最新的智能音箱，推荐道：“先生，这两款音箱的音质都非常出色，而且操作简单，非常适合喜欢音乐的您。”年轻人被吸引，开始认真考虑购买哪一款，暂时忘记了自己原本只是想买一副新的耳机。

而在书店的另一角，一对夫妇正在为晚餐的选择而纠结。妻子提议："亲爱的，我们晚上是去那家新开的意大利餐厅还是去尝尝附近的中餐厅？""中餐厅吧，好久没吃正宗的中餐了。"丈夫回答道，似乎忘记了自己曾经提议要去尝试那家备受好评的法国餐厅。

在家中，丈夫正为妻子每周末的出游行为而发愁。他知道妻子对旅游总是充满热情，但他自己更喜欢宅在家中享受宁静。在犹豫之际，他试探性地问妻子："宝贝，这个假期我们是去海边度假还是在家看电影？"

妻子思索了片刻，微笑着回答："在家看电影也不错，我们可以找些经典的老电影，再准备些零食和甜点，好好享受一下二人时光。"丈夫不禁松了一口气，感激妻子这次的"妥协"，让他们可以共同度过一个温馨而舒适的假期。

"非A即B"，这种"二选一"的逻辑经常被用在谈判中。"非A即B"是谈判一方建立在对自己有利的假设上的一种逻辑圈套。无论选择哪一个，都会被自动带入谈判方预设的答案框架中。

在谈判中，双方都会将逻辑的起点建立在自己假设的基础上，都会设定自己的假设。一旦在谈判中发现自己无论如何也摆脱不了"无法破解"的难题时，就要想一想，自己是否已经落入了“非A即B”的谈判圈套。这时候，要保持理智，及时逃离，并反思自己为何会陷入对方“非A即B”的逻辑陷阱。

第四节　运用逻辑演绎能力谈判
——知己知彼，层层推演

逻辑推演是从一般性的前提出发，通过运用逻辑规则，进行逻辑推理，从而推导出特定的结论。

逻辑推演具有从一般到特殊的特点，即从一个一般性的命题（大前提）与特定条件下的命题（小前提）出发，推导出一个特定命题（结论）。

逻辑推演在商业谈判领域应用广泛。

一家传统工艺品作坊面临经营危机，必须尽快找到出路。消息一传出，数家工艺品经销商闻风而动，纷纷前来考察，并提出收购意向，要求查看详细的库存清单和工艺流程。此时一位神秘的买家也悄然出现。

这位买家给出的报价高得惊人，不仅让作坊主人眼前一亮，更直接将其他竞争者吓退。此时，作坊主人的女儿从外地赶回。她对这位神秘买家的异常报价心存疑虑，于是请来了行业内的资深顾问进行商讨。

顾问仔细分析了局势，缓缓道：“你们有没有听说过一种谈判策略，那就是用虚高的报价来打消其他竞争者的信心，然后再拖延时间，寻找卖方的弱点。等到卖方松懈之时，再亮出自己真正的底牌，让卖方陷入进退两难的境地。我看这位买家给出的价格如此离谱，又不急于成交，很可能就是在用这样的策略。”

作坊主人和女儿听后，立即组织人手进行调查。经过一番努力，他们发现这位神秘买家确实别有用心，他的高报价只是为了制造假象，掩盖其真正的意图。

在商业谈判中，我们通常要从一些看似不起眼的细节出发，经过深入的逻辑推理演绎，洞察对方的真实意图，这样，我们才能在谈判中“知己知彼，层层推演”。

第五节　运用逻辑谬误谈判 ——“换马甲”促谈判

谈判场上，巧妙利用逻辑谬误，换个“马甲”，往往能将一些不太容易让人接受的观点变得让人更加容易接受。

非形式逻辑谬误中的“循环论证”，例如：如果P那么Q，如果Q那么R，如果R那么P，假设P，故P。我们在谈判中要善于运用逻辑谬误使我们的谈判变得更有说服力。

一位渔民有一片广阔的鱼塘，专门用来养殖一种珍稀的海水鱼——金斑鱼。他的金斑鱼肉质细嫩、味道鲜美，被誉为“海中的珍馐”，深受食客们的喜爱。有一年，就在金斑鱼即将上市的时候，一场突如其来的台风席卷了整片海域，让鱼塘的主人忐忑不安。

台风过后，渔民焦急地来到鱼塘边，只见原本游弋自如的金斑鱼，身上都被刮出了深深的伤痕，显得格外狼狈。这些伤痕严重影响了金斑鱼的外观，让原本华贵的它们显得不再那么诱人。

渔民一连几天都忧心忡忡，寝食难安。为了尽快将这些受了伤的金斑鱼卖出去，他开始向各大餐馆和食客打起广告：“虽然这些金斑鱼身上有些伤痕，但它们的肉质和味道都丝毫不受影响，依旧鲜美可口！”然而，广告的效果并不理想，往年他的金斑鱼总是供不应求，今年却无人问津。

就在渔民心灰意冷之际，一个年轻的餐饮创业者找到了他。看着这些伤痕累累的金斑鱼，年轻的创业者眼中闪过一丝灵光。

不久后，他开始大力宣传这些金斑鱼的独特之处："亲爱的食客们，请欣赏您面前的这道佳肴，这些金斑鱼身上的伤痕，是它们与大自然搏斗的印记，是台风赋予它们的独特勋章！它们正是因为经历了风雨的洗礼，才更加鲜美可口，让人回味无穷。品尝这道佳肴，您不仅是在享受美食，更是在品味大自然的馈赠和生命的坚韧！"

凭借着这样别出心裁的宣传，年轻的创业者很快就将这批伤痕累累的金斑鱼销售一空，甚至还引发了食客们的争相购买。渔民也因此挽回了大部分损失，对这位年轻的创业者感激不已。

在日常商业谈判或者商品推销的过程中，可以尝试"换马甲"，用逻辑谬误的方式对自己的观点、立场以及谈判说辞精心地进行包装，再说服对方，这样的谈判技巧可以让你在谈判桌上更胜一筹，成为谈判的逻辑达人，促成谈判的胜利。

第六节　谈判终局逻辑要点——假说证实

当谈判进入终局的时候，我们应当考虑一些逻辑思维要点。符合这些逻辑思维要点的条件时，预示着谈判即将达成圆满的结果。那么，我们在谈判进入终局的时候，应当拥有哪些逻辑思维要点呢？

首先，谈判假说得到基本证实。我们的谈判假说得到基本证实的时候，就可以提出终局协议。如果谈判假说还没有得到证实，不宜提出终局协议。

其次，谈判双方对谈判的基本概念理解一致。在谈判双方对基本概念的理解不一致时，不宜提出终局协议。

某大型连锁超市集团就其在某个新区域的分店经营权问题，与一家经验丰富的加盟商进行了深入的谈判。最初，双方对于经营权的范围产生了不同的理解。超市集团认为，经营权主要涉及商品采购、店铺运营和市场推广三个方面。而加盟商认为，经营权还应涵盖人员管理、财务控制和物资采购等更为全面的内容，总计六个方面。

经过多轮的沟通和讨论，双方开始深入评价和分析哪种经营权范围对于分店未来的经营和发展最为有利。他们围绕提高服务质量、优化商品结构、降低运营成本等多个方面进行了充分的探讨。

通过这些讨论，双方逐渐意识到，全面的经营权不仅有利于分店的长远发展，还能更好地满足顾客的需求，提升品牌影响力。最终，双方达成共识，经营权应包括商品采购、店铺运营、市场推广、人员管理、财务控制和物资采购等六个方面。

在这一基础上，超市集团和加盟商成功签订了合作协议，为分店在新区域的经营和发展奠定了坚实的基础。双方的合作，也为其他潜在的加盟商提供了有益的参考和借鉴。

谈判双方对于基本概念的理解已经达成基本一致，且谈判双方对于利益分配表示认可，此时可提出终局协议，当谈判双方对基本概念的理解一致、对利益分配没有任何异议时，说明谈判已经达到了双方的预期。

总之，谈判是一项具有较高逻辑思维含金量的技术，谈判双方的利润分配应当本着充分体现利润平衡性的原则，避免出现谈判双方明显的利益交换不平衡的问题。否则，谈判将无法进行。当自己处于谈判的不利地位时，也不要放弃，要想方设法扭转谈判的劣势，避免全部失利。掌握好逻辑思维的谈判技巧，能够帮助我们在谈判的时候尽可能地处于有利位置，甚至峰回路转，柳暗花明。

第十三章 自圆其说——不得不遵守的矛盾律

矛盾律是传统逻辑基本规律之一。它通常被表述为 A 不是非 A，或 A 不能既是 B 又不是 B。它要求在同一思维过程中，对同一对象不能同时作出两个矛盾的判断，即不能既肯定它，又否定它。在传统逻辑里，矛盾律首先是作为事物规律提出来的，意为任一事物不能同时既具有某属性又不具有某属性。它作为思维规律，指的是任一命题不能既真又不真。

第一节　万能溶液

有这样一个故事。

一个年轻人喜欢发明创造，梦想着能够得到大发明家爱迪生的指导，所以很想到爱迪生的实验室里去工作。他投送的简历，爱迪生很感兴趣，于是面试了他。在面试时，爱迪生让他自我介绍一下，该年轻人满怀信心地说："我非常喜欢发明创造，特别想发明一种万能溶液，它可以溶解一切物品，只要有什么东西不要了，就可以使用它进行溶解。这多好啊，很多废物就不需要堆积了。"爱迪生听完之后，惊奇地说："那么我想知道，你发明的这种万能溶液怎么存储和运输呢？它不是可以溶解一切物品吗？"年轻人听到爱迪生的问题，顿时哑口无言。

请问这个年轻人为什么会被爱迪生问得哑口无言？

这个年轻人之所以被爱迪生问得哑口无言，是因为他提出的"特别想发明一种万能溶液，它可以溶解一切物品"这个想法，自身就包含不可克服的逻辑矛盾，违反了矛盾律。也就是说既然万能溶液可以溶解一切物品，就没有办法储存，那这种溶液也就根本无法存在。

在思维过程中，人们对同一对象进行判断时，要注意不能同时作出两个互相矛盾的判断，即不能既肯定，同时又否定。也就是说，在任何思维和论辩过程中，思维必须前后一致，不能自相矛盾。否则就是违背了矛盾律，论证就会变得难以自圆其说，甚至会不攻自破。

第二节　鳄鱼悖论

古希腊有一则鳄鱼悖论的故事。

有一天，一位母亲在河边带着孩子洗衣服时，一条鳄鱼从水中迅速地游过来抢走了孩子。母亲苦苦地哀求鳄鱼："我只有这么一个孩子，求求你放了他，你的任何要求我都答应。"

这是一条有逻辑思维的鳄鱼，它非常得意，说："那好，我向你提一个问题，让你猜。如果你答对了，我就把孩子还给你；如果错了的话，哼，我就要吃掉他。"鳄鱼说："我的问题就是，你猜我会不会吃掉你的孩子？"这位聪明的母亲仔细地琢磨了片刻，说："鳄鱼先生，我想你是要吃掉我的孩子的。"

鳄鱼冷笑，得意地说："猜对了，我当然会吃掉你的孩子，哈哈……可是，如果我把孩子还给了你，那我就没吃掉你的孩子，你就猜错了，我就可以吃掉你的孩子了。"说着，鳄鱼张开大嘴准备吃掉小孩。母亲连忙说："慢着！你刚才不是说，我答对了，你就不吃孩子了吗？现在如果你吃掉了我的孩子，那我就答对了，你就必须把孩子还给我。"

鳄鱼一下子呆住了，心想："对呀，如果我吃掉了小孩，她就答对了。不行，看来不能吃。”“那么，我应该怎么办呢？”鳄鱼碰到了难题，不知道该怎么办了：它既想吃掉小孩，同时又得把小孩还给他的母亲。不过，鳄鱼转念一想：“如果我把孩子还给她，那么她就答错了。所以，我就应该吃掉小孩。”这样一想，鳄鱼坚持不把小孩交给他的母亲。

然而，孩子的母亲仍然坚持说：“你必须把小孩还给我。因为，如果你吃了我的小孩，我就说对了，你就得把孩子还给我。”此时自认为很聪明的鳄鱼陷入了一个悖论，无论鳄鱼怎样做，都无法兑现自己的承诺。为什么呢？

因为鳄鱼的承诺是：母亲猜对，不吃小孩；母亲猜错，吃掉小孩。在母亲猜鳄鱼会吃掉小孩之后，鳄鱼只有两种选择，而这两种选择都与鳄鱼原先的诺言相违背。

鳄鱼的第一种选择是把小孩吃掉。该选择的结果证明那位母亲的猜测是正确的，按照鳄鱼原先的承诺，此时鳄鱼应该把小孩还给母亲。如果鳄鱼把小孩吃掉了，就违背了自己的承诺。第二种选择是把小孩还给母亲。这种选择的结果证明那位母亲的猜测是错误的，按照鳄鱼原先的承诺，此时鳄鱼应该把小孩吃掉，但是鳄鱼却把小孩归还给了孩子的母亲，所以鳄鱼还是违背了自己的承诺。

可以发现，鳄鱼悖论与说谎者悖论异曲同工，都是一种否定性的“自我关联”。在说谎者悖论中，引起悖论的那句话（如“我正在说谎”）是对自身的判定，而且是否定性的命题，如果不是对自身的判定（如“他正在说谎”），或者如果不是否定性的命题（如“我正在说真话”），都不会引起悖论。

第三节 理发师的尴尬

罗素是英国著名的数学家和逻辑学家，他曾提出过一个有趣的逻辑问题来阐释其思想：“假设村子里有位理发师规定：‘我只给那些不给自己刮胡子的人刮胡子。’请问这位理发师给不给自己刮胡子呢？”这就是著名的“理发师悖论”。根据我们前面学过的逻辑知识，你能分析出这个悖论里所包含的逻辑矛盾吗？

这个理发师给不给自己刮胡子呢？从逻辑上来说，只有两种可能：不给自己刮胡子；或者给自己刮胡子。但是，经过分析我们就会发现，这两种可能都会导致逻辑矛盾。

第一种情况，如果理发师不给自己刮胡子，按照规定，他就应该给自己刮胡子了（因为按照他的规定，他只给不给自己刮胡子的人刮胡子）。这就是说，从理发师不给自己刮胡子出发，必然推出理发师应该给自己刮胡子。这本身就构成逻辑矛盾。

第二种情况，如果理发师给自己刮胡子，按照规定，他就应当不给自己刮胡子。这就是说，从理发师给自己刮胡子出发，必然要推出理发师不应给自己刮胡子。这本身也是一个逻辑矛盾。

总之，在理发师给不给自己刮胡子的这个问题上，无论答案是什么，都将导致逻辑矛盾。这种现象，就是逻辑上所说的悖论。悖论是一种难以消除的逻辑矛盾，不能用普通的逻辑方法消除。

第四节　自相矛盾

有个自相矛盾的故事。

楚国有个既卖矛又卖盾的人（矛和盾是古代作战的武器）。他称赞自己的盾，说："我的盾是世界上最坚固的盾。"街上看热闹的人问："坚固到什么地步呢？"他说："它很坚固，任何武器都刺不破它。"他又称赞自己的矛，说："我的矛是世界上最锐利的矛。"路人问："锐利到什么地步呢？"他说："它很锐利，能穿透任何东西。"有人问他："如果拿你的矛去刺你的盾，哪个更厉害呢？”那人一听，脸涨得通红，无话可说了。

这个人为什么无话可说了呢？世上没有牢不可破的盾，也没有无坚不摧的矛，楚国人为了销售自己的商品，片面夸大了矛与盾的作用，结果难以自圆其说。一个人在同一逻辑判断中，对同一问题，是不能作出截然相反的判断的。如果这样做了，那就犯了逻辑上的错误。

不管是客观世界，还是思维的主观世界，都存在矛盾。矛盾是事物存在的普遍形式，任何事物都存在矛盾。有时候，有矛盾反倒是好事。解决了矛盾，事物就会得到进步与发展。关键问题是要能够根据自己的知识认识和分析矛盾，研究并解决矛盾，这样才能让事物得到发展，不会陷入矛盾的旋涡不能自拔。

矛盾和我们是息息相关的，日常生活中处处充满矛盾，例如，上网与好好学习的关系就是既对立又统一的。如果过分沉溺网络，作为学生，上课就会不认真听讲，学习肯定好不了；作为上班族，上班期间也会无精打采，干不好本职工作。但如果只是埋头苦读或者闷头工作，闭门造车，会导致信息闭塞，无法了解网络上丰富的资讯和知识。因此，只有把握好“度”，才能平衡好工作（学习）和娱乐的关系，这才是解决问题的关键。再比如，理想与现实也是一种矛盾的关系。追求理想必须结合自身的情况，考虑是否有实现的可能，才好制定目标，并朝着目标努力，不切实际的理想只能算是空想。

第五节 酿酒广告

广告的作用是宣传产品。有一个从事酿酒和做醋生意的老板，为了招揽顾客，请人写了一条红色巨幅广告挂在自家店门前。广告写的是“酿酒缸缸好做醋坛坛酸”。为了简便，广告中间没有加标点符号，广告的原意是“酿酒缸缸好，做醋坛坛酸”。一个竞争对手看到这条没有标点符号的广告后，心中大喜，趁人不注意，在横幅的“醋”字后面加了个逗号，于是广告就变成了“酿酒缸缸好做醋，坛坛酸”。这样一改，就显得酒的质量有问题了，一下子影响了销售。

标点符号是语言的重要组成部分，用来表示停顿、语气和语句性质。在一句话中，标点符号所处位置的不同，会影响语句表达的意思，所以在使用标点符号时一定要根据语句的意思进行安排。不加标点符号的标语，容易被别人修改和利用，导致语句和原来的意思完全不同，引起误会。

例如，在某个村子的入口处，经常有人大小便，影响了环境，于是村委会在入口处的路边立了一块牌子，上面写着“行路人等不得在此大小便”。

村委会的本意是：“行路人等，不得在此大小便。”但是这句话没有标点符号，于是有人趁人不注意就在上面加了标点，变成了：“行路人，等不得，在此大小便。”

增加这些标点后，语句意思就完全不同了。根据这个标语，这里简直就成了厕所。凡是行路的人，只要憋不住了，就可以在此大小便。这种任意改变或增加语句中标点符号以改变语句原意的做法，叫“断句法”诡辩。

第六节　老师住在哪里

矛盾律是形式逻辑的基本规律，对形式逻辑的各种推理活动都有指导作用。将矛盾律准确用于推理过程，在一些情况下，可起到一般推理形式所不能代替的作用。我们看一个应用矛盾律的故事。

社科系的学生周芳找逻辑学教师李阳请教问题。李阳老师住在学校东区 3 栋教师宿舍楼，3 栋有四个单元门，共四层。周芳不知道老师的地址，就敲开一家的门问道：“请问李阳老师住在哪里？”她敲开门的这家住着爷爷、奶奶、爸爸、妈妈以及一个男孩和一个女孩，针对周芳的问题，他们分别回答如下。

女孩说：“住在一单元。”

男孩说：“住在二单元。”

妈妈说：“住在三单元。”

爸爸说：“住在四单元。”

爷爷说：“他怎么会住在四单元呢？”

奶奶说：“他们在和你开玩笑，上面五句话中只有一句是真话。”

周芳说：“谢谢你们，我已经知道李老师住在几单元了。那么他又住在第几层呢？”

女孩说：“一层没有姓李的。”

男孩说：“二层也没有姓李的。”

妈妈说：“三层更没有姓李的。”

爸爸说：“四层没有姓李的。”

爷爷说：“谁说三层没有姓李的？”

奶奶说：“这次回答好多了，五句话中只有一句是假话。”

周芳又问：“那么他住在几号呢？”

奶奶说：“他住的那一层共有三套房子，各住一户。”

奶奶的话还没说完，女孩就抢着说：“他住在一号。”

男孩接着说："他住在二号。"

奶奶笑着说："这两个孩子太调皮，没讲一句真话。"

周芳笑了笑说："我已经猜出来了，李阳老师住在四单元三层三号。"

这位学生是通过什么方法猜出李阳老师住址的呢？为了解开这个谜团，让我们运用矛盾律作出以下推理：

关于李阳老师的家所在单元的分析：爸爸的话（住在四单元）和爷爷的话（他怎么会住在四单元呢）构成两个互相矛盾的判断。这两个判断必有一真一假。奶奶说："上面五句话中只有一句是真话。"那么，这句真话肯定在上述两个互相矛盾的判断中，女孩、男孩、妈妈说的只能是假话，也就是说李阳老师不在一单元、二单元和三单元，那必定住在四单元（这栋楼只有四个单元）。

关于李阳老师的家所在层的分析：妈妈的话（三层更没有姓李的）和爷爷的话（谁说三层没有姓李的）构成两个互相矛盾的判断，其中必有一真一假。奶奶说："五句话中只有一句是假话。"那么，这句假话一定就在上述两个互相矛盾的判断中，女孩、男孩、爸爸说的都是真话。也就是说，李阳老师不住在一层、二层和四层。这样的话，他就一定住在三层（这栋楼共有四层）。最后，根据选言推理，很容易确定李阳老师住在三层。

关于李阳老师的家所在几号的分析：女孩的话（他住在一号）和男孩的话（他住在二号）相矛盾，由奶奶认为两个孩子“没讲一句真话”推出李阳老师住在三号（他住的那一层共有三套房子，各住一户）。

通过以上分析，可以看出，矛盾律在推理中起到了关键作用，虽然其中也运用了其他思维的基本规律，但以矛盾律的运用作为推理的切入点，可以使思维更准确，让问题迎刃而解。

第十四章 含含糊糊，模棱两可可不行——排中律的守则

排中律是传统逻辑基本规律之一，可以表述为 A 是 B 或 A 不是 B。传统逻辑首先把排中律当作事物的规律，即任一事物在同一时间里具有某属性或不具有某属性，而没有其他可能。排中律同时也是思维的规律，即一个命题是真的或不是真的，此外没有其他可能。排中律还是关于认识活动的规范性规律以及逻辑语义的规律，即任一语词或语句在同一上下文中应表达某一思想或不表达某一思想。后两种规律，也叫作排中律的要求。

第一节　鲍西娅的匣子

排中律在思维活动中具有重要作用。一本书中讲到鲍西娅的匣子的故事。故事是这样的：

贝尔蒙特城的富家少女鲍西娅，德才兼备，年轻貌美。许多官宦子弟都来求婚。但是，她的父亲临死前在遗嘱中规定要“猜匣为婚”，否则，她无法获得遗产继承权。鲍西娅孝顺乖巧，坚决遵从父亲的遗言。

父亲为鲍西娅准备了三只匣子，分别是金匣子、银匣子和铅匣子。在这三只匣子中，只有一只匣子里放有鲍西娅的肖像。每只匣子上分别有一句话，金匣子上的话是“肖像不在此匣中”，银匣子上的话是“肖像在金匣中”，铅匣子上的话是“肖像不在银匣中”，并且这三句话只有一句是真话。

鲍西娅父亲在遗嘱中说，如果求婚者能根据以上四句话，猜中鲍西娅肖像的位置，鲍西娅就会嫁给他。另外求婚者在猜匣之前，需要答应两个条件：①必须宣誓，如果没有猜对，他不得对任何人透露自己猜过哪只匣子；②必须宣誓，如果他猜不中，就永远不得娶妻。该条件的目的是缩小求婚者的范围，只保留那些真心追求鲍西娅的小伙子。

许多求婚者慕名而来，但揣摩了一下，估计无法猜出就返回了，只留下少数有自信的人。但是没有一个人猜对。最后有一位威尼斯的青年来到这里，他深深地爱上了鲍西娅。他很自信，也很聪明，相信自己一定会成功。他宣誓后，稍作思考，就来到鲍西娅面前，肯定地对她说："肖像在银匣子中。"鲍西娅惊讶地看着他，微微点了点头。年轻人打开银匣子一看，肖像果然在里面！

鲍西娅十分佩服年轻人的智慧。按照父亲的遗言，她决定嫁给他，她很好奇地问："亲爱的，你是怎么猜中的？"

年轻人微笑着说："我是根据逻辑规律来推理的。金匣子上面的话与银匣子上面的话是互相矛盾的，其中必有一句真话。旁边纸上的说明告诉我，'三句话中只有一句真话'。这样，这句唯一的真话必在金匣子或银匣子上。由此可见，铅匣子上刻的话只能是一句假话。铅匣子上刻的话'肖像不在银匣中'一定是假的，既然是假话，肖像就一定在银匣中。""你真聪明！"鲍西娅高兴地说。

这个年轻人究竟是怎么猜中的呢？关键就在于他在推理过程中巧妙地运用了排中律。推理过程如下：假设肖像在金匣中，则金匣子上的话是假的，银匣子上的话是真的，铅匣子上的话是真的，和已知条件（只有一句是真话）相矛盾；假设肖像在银匣中，则金匣子上的话是真的，银匣子上的话是假的，铅匣子上的话是假的，和已知条件相符；假设肖像在铅匣中，则金匣子上的话是真的，银匣子上的话是假的，铅匣子上的话是真的，和已知条件相矛盾，所以只有肖像在银匣子中，已知条件才成立。

金、银匣子上两句互相矛盾的话中只有一句是真话，这是根据排中律得出的结论；从铅匣子上刻的话“肖像不在银匣中”是假话，得出与此相悖的话“肖像在银匣中”是真话，也是依据排中律得出的结论。所以，排中律在思维活动中具有重要作用。

第二节　华盛顿的马

华盛顿是美国第一任总统，据说他年轻的时候有件找马的轶事。

一天夜里，华盛顿家里的一匹马不见了，华盛顿连忙报了案，并且一直在家附近寻找他的马。接到报案后赶来的警察也和他一起搜索马的下落，经过几个小时的搜索，最后在邻居的农场里找到了那匹马。可是邻居并不承认自己偷了华盛顿的马，说马是自己买的，不肯把马交出。华盛顿灵机一动，走上前用手将马的双眼捂住，问道：“好吧，如果这马是您的，那么，请您说出它的哪只眼是瞎的。”“右眼。”邻居想了一下，回答说。

华盛顿将手从马的右眼移开，结果看到的是马明亮而有神的眼睛。“啊，对不起，警察先生，我弄错了，”邻居纠正说，“是左眼！”华盛顿便把左手也移开，马的左眼也是正常的。“糟糕！我又错了。”邻居说。

“行了！行了！”警察说，“这已经证明这马根本就不是你的！华盛顿先生，你可以把马牵走了。这位先生，请你和我到警察局交代一下马为什么会在你这里吧！”

华盛顿是如何证明马是他的呢？华盛顿很聪明，一句话就使偷马的邻居露了馅。“请您说出它的哪只眼是瞎的。”这一句中隐含着这样一个命题：“这匹马有一只眼睛是瞎的。”偷马的人是半夜去偷马，夜色昏暗让他并未看清这匹马哪只眼睛有问题。当他听了华盛顿的问题后，马上以为“这匹马有一只眼睛是瞎的”。他认为自己有百分之五十的概率答对，即使错了也不要紧，因此胡乱说“右眼是瞎的”。不料马的两只眼睛都不瞎，他反而因此露了马脚，中了华盛顿的圈套。

警察马上据此作出了判断：自己养大的马，难道连马的眼睛有没有问题都不知道？这匹马肯定不是他的，而是华盛顿的。偷马者只好乖乖地把马还给华盛顿了。

第三节　模棱两可的蝙蝠

《笑府》里有一则关于蝙蝠的寓言故事。

百鸟之王凤凰过生日，百鸟都买了礼物去祝寿，唯独蝙蝠没有去。凤凰很不高兴，事后她责问蝙蝠说："我过生日，别的鸟都来了，你为什么不来，你分明没把我放在眼里！"蝙蝠说："不是不是，你看，我有脚，能走，是兽类，不属于你管的，所以我就不应该去凑热闹给你祝寿啊。"

接着兽类霸主麒麟过生日。百兽都去送礼祝寿，蝙蝠还是没有去。麒麟很生气，他特意跑去问蝙蝠："我过生日，别的兽都来了，你为什么不来，你什么意思？"蝙蝠回答说："我有翅膀啊，能在天空飞翔，所以我是鸟，不归你管，不需要来给你祝寿。"有一天，凤凰和麒麟一起吃饭，聊起蝙蝠的事情，大家都叹气摇头，说："这真是世上最奸猾的东西了！"

在这个寓言故事中，蝙蝠对凤凰说，他不是鸟，而是兽；又对麒麟说，他不是兽，而是鸟。把这些话合起来，就是说：他既是鸟，又是兽；他既不是鸟，又不是兽；他是亦鸟亦兽，非鸟非兽。蝙蝠是什么啊？简直是四不像，是怪物啊！从逻辑上看，他的言论不仅违反了矛盾律，也违反了排中律。因为对于蝙蝠来说，他或者是鸟，或者是兽，只能是其中一种类型。蝙蝠为了不去祝寿，模棱两可，说自己是亦鸟亦兽，这就违反了矛盾律；他又说自己是非鸟非兽，这是违反了排中律。同时，亦鸟亦兽和非鸟非兽这两个并列关系联言判断又是互相矛盾的，这又违反了矛盾律。

生活中人们也经常会犯模棱两可的错误。例如，学院组织学生一起就老师点名的问题进行座谈，某大学生这样说："关于大学老师上课要不要点名的问题，我认为不点名好，因为确实存在一些质量不高的课程，点名在一定程度上限制了学生的自由，浪费了学生的时间，另外点名多少体现出老师对学生的不信任。但是我也觉得不点名不好，因为很多学生存在厌学情况，并且逃课成风，如果老师上课不点名，这是纵容学生，不负责任，变相助长逃课风气。"点名好与不好是互相矛盾的两个判断，此同学既不承认这个，又不承认那个，违反了排中律的要求，犯了模棱两可的错误。

第四节　如何立论

排中律要求人们在是非问题面前要旗帜鲜明，不能含含糊糊，模棱两可，既不这样，又不那样；要求人们摒弃那种犹犹豫豫、不表明自己态度的处世哲学。在现实生活中，有的人故意违反排中律的要求，对是非问题采取回避态度，力图从互相矛盾的道路中开辟出第三条道路来。鲁迅在他的散文诗《立论》中，为这种人画了像。

我梦见自己正在小学校的讲堂上预备作文，向老师请教立论的方法。

“难！”老师从眼镜圈外斜射出眼光来，看着我，说。“我告诉你一件事——

“一家人家生了一个男孩，合家高兴透顶了。满月的时候，抱出来给客人看，——大概自然是想得一点好兆头。

“一个说：‘这孩子将来要发财的。’他于是得到一番感谢。

“一个说：‘这孩子将来要做官的。’他于是收回几句恭维。

“一个说：‘这孩子将来是要死的。’他于是得到一顿大家合力的痛打。

“说要死的必然，说富贵的许谎。但说谎的得好报，说必然的遭打。你……”

“我愿意既不谎人，也不遭打。那么，老师，我得怎么说呢？”

“那么，你得说：‘啊呀！这孩子呵！您瞧！多么……。啊唷！哈哈！Hehe! he，hehehehe!’”

鲁迅先生的散文诗生动地刻画出不表明态度、模棱两可的人物的形象。鲁迅描绘的这种人只有两种选择——说谎或者不说谎，第三条道路是没有的。而这两种选择都有问题：说谎不好，因为善意的谎言虽然可以得到好报，但它终归是说谎，是不诚实，会内心不安；不说谎也不好，因为讲真话就必然遭打。

在这种情况下，“我”选择了“既不愿意说谎，也不愿意不说谎”，这是违反排中律的要求的。更有甚者，“老师”对“我”提出的“我得怎么说呢？”这一问题，采用了含糊其词、不置可否的做法，用“啊唷！哈哈！ Hehe！ he，hehehehe！”来搪塞，耍滑头，回避明确表态。这也是违反排中律的要求的。

第十五章

用逻辑的利器分析生活
——生活逻辑助成长

逻辑学是一门研究推理的学问，在我们生活中发挥着很大的作用。它是自然科学和人文社会科学的共同基础，包含了很多的思维方法和推理技巧，可是在我们的生活中却有很多大家常用的但错误的逻辑思维现象。虽然大家都知道是错误的，但还是在应用着，没有人去指出错误。学习完逻辑学这门课，我们应该时时去注意逻辑思维，不要再说出一些有逻辑性错误的话语，造成笑话。

第一节　你是否陷入“沉没成本”的泥沼？——协和谬误

协和谬误，在逻辑学中指的是在某件事情上投入了一定成本（如时间、金钱、精力等），进行到一定程度后，发现这件事不宜再继续下去，但舍不得之前投入的成本（即沉没成本），从而选择将错就错，继续进行，最终导致更大的损失。

具体来说，协和谬误涉及以下几个要点。

① 投入成本：在某一事件或项目上已经投入了大量的资源，这些资源包括但不限于金钱、时间和精力。

② 发现不宜继续：在投入一定成本后，发现继续进行可能无法获得预期的回报，或者会遭受更大的损失。

③ 沉没成本：沉没成本是指那些已经发生、不可收回的支出。对于已经投入的成本，人们往往会产生一种心理效应，即不想让这些投入白费，从而影响了后续的决策。

④ 将错就错：舍不得之前投入的沉没成本，决策者可能会选择继续坚持原来的方向，即使这可能导致更大的损失。

协和谬误在实际生活中并不罕见。

20 世纪 60 年代，英法两国政府联合投资开发大型中程超音速客机——协和式飞机。在项目进行过程中，两国政府发现继续投资开发这样的机型会花费巨大，且市场前景不明朗。但由于前期投入巨大，他们选择了继续追加投资进行研制。最终，协和式飞机虽然研制成功，但因缺陷多、运营成本高等问题，不适合市场竞争，最终在 2003 年 10 月 24 日，协和式飞机执行完最后一次飞行任务后，全部退役。

这个例子展示了协和谬误的典型特征：前期投入巨大，决策者舍不得放弃，最终导致更大的损失。因此，在决策过程中，我们需要理性分析，不仅要考虑已经投入的成本，更要关注未来的收益和风险。当发现继续进行可能无法获得预期回报时，我们应该勇于放弃，避免陷入协和谬误的困境。

有个年轻人在一家烘焙课程工作室购买了全年的课程套餐，计划在未来一年内提升自己的烘焙技能，梦想着能在朋友的生日派对或家庭聚会上展露一手。然而，就在报名后不久，他的手腕不慎受伤，被医生告知需要较长时间才能恢复，其间不能从事任何需要手腕用力的活动，包括烘焙。

这个消息让年轻人非常沮丧，因为治疗期限预计长达一年。这意味着他在一年之内都无法参加烘焙课程。那些精美的烘焙工具和诱人的甜点配方，他也无法在一年内尝试。

面对这样的困境，他首先尝试与工作室协商退款或延期课程，但被告知因为套餐是以优惠价格提前预订的，无法退款或更改时间。这让他感到非常懊恼，毕竟他为此付出了不少金钱，也真的想学习烘焙。

经过几天的纠结和挣扎，年轻人还是决定去学习烘焙课程。

他安慰自己说:“虽然手受伤，继续学习烘焙会影响恢复，但我仍然可以享受烘焙的乐趣，学习新的知识。”

朋友和家人都劝他，手腕受伤了就应该好好休息，不要勉强自己。年轻人心里也清楚，带伤烘焙可能对他的恢复不利，但他真的无法接受自己花了那么多钱买的课程就这么白白浪费了。

在这个例子中，这名年轻人就犯了协和谬误的逻辑错误，手腕受伤，本应该好好休养，但是舍不得放弃已经购买的“烘焙课程全年套餐”，结果耽误了手部伤情的康复。在现实生活中，我们很多人都会犯协和谬误的逻辑错误，这个时候我们应当勇于舍弃之前的沉没成本，避免更大的损失。

第二节 逆向思维

什么是逆向思维？逆向是与正向比较而言的。正向思维是指常规的、公认的或习惯的想法与做法；逆向思维则恰恰相反，是对传统习惯、常识的反叛，是对常规的挑战，它能克服思维定式，破除经验和习惯造成的僵化模式，使人感觉新颖，有收获。简单来说，逆向思维就是“倒过来想问题”。

逆向思维最宝贵的价值，就是它对人们认知的挑战和对事物认知的不断深化。逆向思维可以创造出令人意想不到的奇迹。我们应该自觉地运用逆向思维的方法，使我们的生活与工作充满活力，展现光彩！

在一个小镇上，有一家经营多年的传统面包店，名叫“香甜面包屋”。这家店以其传统的面包制作工艺和独特的配方闻名，每天都吸引着大量的顾客前来购买。然而，随着时代的变迁，小镇上出现了许多新兴的面包店，它们采用现代化的生产设备和新颖的营销策略，逐渐吸引了年轻消费者的目光。

面对这一现象，“香甜面包屋”的老板李先生陷入了困境。他深知自己的传统工艺和配方无法与新兴面包店的现代化生产相抗衡，但他又不想放弃这份家族传承的事业。于是，他决定运用逆向思维来寻找解决方案。

李先生开始思考：“既然我们无法在现代化和新颖性上超越对手，那么我们能否从另一个角度吸引顾客呢？”他回想起自己小时候，每当节日来临，母亲总会亲手制作一些特别的面包来庆祝。这些面包虽然制作过程烦琐，但每一口都充满了家的味道。

于是，李先生决定重拾这种传统的手工制作方式，将其与现代元素相结合。他推出了一系列限量版的节日面包，每个面包都融入了当地的文化元素和节日特色，且全部采用手工制作，确保每一口都能让顾客感受到家的温暖和传统的魅力。

这一策略取得了巨大的成功。顾客们被这些独特且充满故事感的面包吸引，纷纷前来购买。他们不仅享受到了美味的面包，还通过品尝这些面包，感受到了小镇的文化和历史。最终，“香甜面包屋”不仅成功抵御了新兴面包店的冲击，还因其独特的魅力吸引了更多顾客。

面对问题，李先生没有选择正面迎战，而是运用了逆向思维。李先生的逆向思维过程体现了逻辑推理中的“否定后件”原则。他首先否定了与新兴面包店正面竞争的可能性（因为无法超越对手在现代化和新颖性上的优势），然后寻找了一个全新的角度来解决问题（即通过传统与现代相结合的方式吸引顾客）。这个过程凸显了逆向思维在解决问题时的独特价值：它能提供不同寻常的视角，并创造性地找到解决方案。李先生的策略取得了巨大的成功，证明了逆向思维的有效性。

第三节 尴尬的请客

有个人邀请几个朋友到预订好的酒店为自己庆祝生日。其中三个人准时到达了。饭菜已经准备好了，但是有一人迟迟没有来。主人等了一会儿，有些着急了，不禁脱口而出："急死人啦！该来的怎么还没来呢？"在座的一个朋友听了之后，非常不高兴，忍不住就对主人说："你说该来的还没来，意思就是我们是不该来的，那我只好告辞了，再见！"说完，就气冲冲地走了。

一人没来，另一人又气走了，主人急得又冒出了一句："真是的，不该走的却走了。"剩下的两个朋友又误解了主人的意思，其中有一个生气地说："你什么意思？该走的是我们俩？好，那我先走了。"说完，这个人头也不回地就离开了酒店，主人劝也劝不住。此时的主人急得如热锅上的蚂蚁，不知所措。最后留下的这个朋友和主人的交情比较深，他就劝主人说："看看，来的朋友都被你气走了，你说话应该留意下。"主人很无奈地说："其实他们全都误会我了，刚才我说的根本就不是他们。"

最后这位朋友听了，勃然大怒道："你说什么！你不是在说他们，那就是在说我啦！你真是莫名其妙，有什么了不起的。"说完，铁青着脸也走了。

三位朋友都被气走了，弄得主人非常尴尬，他因为说话不注意，才造成了这样一个看似非常可笑的局面。有的人言谈表达往往话不投机，有时候甚至还会将一些好事情搞砸；有的人则深谙说话之术，不论什么场合都能得体地运用语言，准确地传递信息、表情达意；有的人甚至能点“语”成金，使说出的话收到奇佳的表达效果。

女儿问妈妈：“妈妈，您为什么有一些白头发了呢？”妈妈回答说：“哎呀，就是因为你太淘气了把我闹的。”女儿恍然大悟地说：“哦，怪不得姥姥的头发全都白了呢。”

妈妈的“因为你太淘气了把我闹的”这个说法是错误的，是妈妈在和女儿开玩笑。可女儿并不这样理解，她据此推断出姥姥的头发全都白了的原因，由此反驳了妈妈的话，收到了良好的表达效果。

第四节　巧妙推销

在生活中我们经常会碰到有人向我们推销产品。销售人员必须深信自己的专业能力，并凭借对产品性能的深刻理解与强大的逻辑思维，进行条理清晰、生动流畅的讲解，使消费者信服，并逐步意识到产品的好处与自身的需求，这样才能作出购买选择。而在实际的销售过程中这些流程不会一帆风顺，可能会状况百出。

电脑城某公司的电脑推销员刘强，向一家大型公司推销笔记本电脑。有很多公司想做这单生意，竞争相当激烈，但是由于刘强跑得勤，功夫下得深，该公司对刘强公司的电脑比较认可，推销成功的机会很大。到最后，只剩下两家厂商，等着这家大型公司做最后的选择。这份购买报告最后呈递给总经理决定，总经理转头向公司的技术顾问——某大学计算机学院的张教授咨询意见。

于是，采购人员陪同张教授再次查看了两个品牌的电脑，听取了两家的方案介绍，张教授私下对总经理表示，两个品牌各有优缺点。但在语气上可听出，他认为另外一家略胜一筹。刘强一看急了，这可不行，不能前功尽弃啊！于是又找了个机会与张教授沟通，使出浑身解数，口若悬河地介绍他们的产品如何优秀，希望借此改变张教授的倾向。可张教授不耐烦地冒出了一句："究竟你是专家，还是我是专家？"看来这笔生意要泡汤了。

刘强垂头丧气地回到公司，说明情况后，一位资深推销专家建议："为什么不干脆采取以退为进的推销策略呢？"并向他说明了"向师傅推销"的技巧。"向师傅推销"，切记要绝对肯定对方是你的师傅，抱着谦虚、尊敬、求教的心态去见他，一切的推销必须无形，伺机而动，不可勉强，不可露出痕迹，方有效果。

于是，刘强重整旗鼓，到张教授执教的学校去拜访，见了面赶紧说:“张教授，您好!今天我拜访您，绝不是来向您推销的。过去我读过您的大作。上次跟您谈过后，回家想想，觉得您分析得很有道理。您指出我们所代理的品牌电脑有些功能比不上别人，确实如此。张教授，您在 ×× 公司担任顾问，这笔生意，我们遵照您的指示，不做了!不过，我们希望从这笔生意上学点经验。您是电脑方面的专家，希望您能给我们一些指导，我们这款电脑如何体现优势，才能与同行竞争，才能生存?希望能听听您的高见。”刘强说话时一脸诚恳。

张教授听后，很同情刘强，于是用慈祥的口吻说道:“年轻人，振作点。其实，你们的电脑也不错，有些设计就很有特点。唉，我看连你们自己都搞不清楚，譬如说……”于是，张教授讲了一大通。“此外，售前售后的服务也非常重要，尤其是预装软件方面的服务，今后，你们应该在这方面特别加强。”张教授谆谆教导，刘强洗耳恭听。

这次谈话没过多久，令人意外的是，生意竟然成交了。当然主要还是张教授的意见起了决定作用，他对总经理说，两家公司的产品大同小异，但他相信刘强的公司能提供更好的服务。最后，总经理采纳了张教授的意见，一笔快泡汤的生意又做成了。刘强能够挽回败局，最后成功，其原因是利用了人性的弱点，通过求教，满足了对方的自尊心，赢得了对方的好感，从而获得了成功。

在初期推销受阻后，刘强及时调整策略，采取了以退为进的姿态。他不再强力推销，而是将姿态放低，真诚地向对方“求指导”，巧妙地将对方置于专家的位置。这一策略成功地撬动了对方的分享欲，使其更愿意赐教。推销中最高明的一招就是：先向师傅学推销，然后向师傅推销。如果你某次推销失败了，不要跟客户从此形同陌路，不再见面；务必再去看看客户，抱着学习请教的心态去。斗不过他，就干脆拜他为师，了解一下失败的原因。生意不是只做一天两天，以后仍有机会。

第五节　生活中的霸道思维
——强行推理

在生活中，我们常常会犯强行推理的逻辑错误。强行推理是逻辑学中的一种非形式谬误，即一种逻辑无法成立的推理方式。强行推理的逻辑错误通常会将两个或者两个以上在逻辑上毫无联系的事物强行联系在一起，并得出一个结论。这个结论在逻辑上看似是基于某种逻辑关系得出的，但事实上，它所依据的前提和结论之间并不具备逻辑上的必然联系。所以，根据这种逻辑得出的结果的可靠性也会大打折扣。有时候这种结论甚至是错误的。

在一个宁静的小镇图书馆里，我偶遇了一位年轻男子，他正专注地阅读着一本深奥的科学书。周围的人们不由自主地向他投去异样的目光，窃窃私语随之而起：“这么深奥的书都读，肯定是名牌大学的高才生吧？”“家里肯定很有钱，不然哪有闲情逸致研究这些？”这些言论，如同夏日午后不经意间飘来的柳絮，虽轻却带着不容忽视的偏见。

然而，从逻辑的角度来看，这些言论无疑是强行推理。将阅读深奥图书与名牌大学学历、家庭财富画等号，就如同硬要将苹果与橙子相提并论，两者本质上并无直接的因果关系。或许这位男子只是出于纯粹的兴趣和热爱，在知识的海洋中自由遨游；或许他经历了生活的种种挑战，更加珍惜这来之不易的学习时光。

正如我们不能单凭一个人穿着名牌就断定他/她性格傲慢，也不能因为别人喜欢探索未知就推断出其家庭条件优越。每个人的生活轨迹都是独一无二的，背后的故事比表象复杂得多。

强行推理的一个典型特征是，它忽视了事物之间的差异性和独立性，错误地假设了一个因素（或一组因素）必然导致另一个因素（或另一组因素）的出现。这种推理方式往往源于人们的偏见、刻板印象或是对信息的不完整理解。我们应当克服强行推理的逻辑错误，比如，看到孩子取得优异成绩，不妨先给予鼓励与认可，再去了解他们背后的努力与坚持；遇到比自己优秀的人，更应视其为学习的榜样，而不是轻易将其成就归因于外在条件。这样，我们才能避免陷入强行推理的陷阱，以更加真实和全面的视角去理解和感受这个世界。

第六节　勤奋一定成功

我们从小就接受“成功靠 1% 的天分和 99% 的汗水获得”的教育，坚信勤奋一定会带来好的结果。有人特别倾向于把成功的原因归结为自身的努力。这些人通常会说：“如果一个人获得了成功，那么他一定是个勤奋的人，我很勤奋，所以我一定会获得成功。”

我们很多时候的确为这些人的奋斗精神所打动，但是从逻辑上分析，他们作的这个推理是不能成立的：这个推理的前提之一“如果一个人获得了成功，那么他一定是个勤奋的人”（大前提）是一个充分条件假言判断，另一个前提“我很勤奋”即“我是个很勤奋的人”（小前提）是一个性质判断，结论“所以我一定会获得成功”也是一个性质判断，这是一个充分条件假言推理三段论。小前提是对大前提后件的肯定，结论又肯定了大前提的前件，根据充分条件假言推理的规则“已知后件为真，不能推出前件的真假”，这个肯定后件式推理为无效式推理。

第七节　汤姆的果园

在一个小镇上，住着一位名叫汤姆的农夫。汤姆以种植苹果为生，他的苹果园里种满了各种苹果树。一天，镇上的智者约翰来到汤姆的果园，对汤姆说：“我听说你的苹果园里有一种特别的苹果，这种苹果的皮是红色的，而且都非常甜。”

汤姆听后，想了想，然后说：“是的，我的果园里确实有一种红皮苹果，但它们并不都是甜的。不过，我还有一种苹果，虽然皮不是红色的，但非常甜。”

约翰听了汤姆的话后，点了点头，然后说：“那么，你的果园里一定有一种既是红皮又特别甜的苹果。”

在这个小故事中，约翰的推理过程违反了三段论的基本规则。三段论是一种逻辑推理方式，它包含两个前提和一个结论，且前提和结论之间必须存在必然的逻辑联系。然而，在这个故事中，约翰的推理并不符合这一要求。

前提分析：

前提 1：汤姆的果园里有一种红皮苹果，但它们并不都是甜的。

前提 2：汤姆的果园里还有一种苹果，虽然皮不是红色的，但非常甜。

这两个前提分别描述了汤姆果园里两种不同特征的苹果，但并未提供任何关于这两种苹果的特征可能同时存在的信息。

结论分析：

结论：汤姆的果园里一定有一种既是红皮又特别甜的苹果。

这个结论试图将前提 1 和前提 2 中的特征（红皮和甜）结合在一起，形成一个新的苹果种类。然而，从逻辑上讲，这两个前提并不能支持这个结论。因为前提 1 和前提 2 分别描述了两种不同的苹果，而没有提供任何将它们联系在一起的证据。

在这个推理过程中，约翰违反了三段论中的“中项必须至少周延一次”的规则。在三段论中，中项是连接两个前提的桥梁，它必须至少在一个前提中完全分布（即周延），以确保前提和结论之间的逻辑联系。然而，在这个故事中，中项（即苹果的特征）在两个前提中都没有完全分布，因此无法形成有效的三段论推理。

第八节　生活中的陷阱——滑坡谬误

滑坡谬误是一种逻辑谬误，它错误地假设了一个初步的行动会导致一连串不太可能发生的后续事件，最终导致极端的负面结果，而没有提供这一连串事件必然发生的合理证据。这种谬误通过夸大初步行动与极端结果之间的联系，来制造恐慌或避免讨论问题的实质。

在一个虚构的城市“智慧镇”里，政府提出了一个旨在提高公共交通效率的计划，其中包括在市中心建设几个新的公交专用道。这个计划本意是缓解交通拥堵，减少空气污染，提升市民的生活质量。

然而，反对该计划的市民王先生却提出了以下论点：“如果我们开始建设公交专用道，那么下一步政府就会限制私家车进入市中心的时间，接着就会全面禁止私家车进入，最后，我们的城市就会变成一个只有公共交通的城市，个人自由将荡然无存！”

王先生的论证就是典型的滑坡谬误。他从一个相对温和且有益的初步行动（建设公交专用道）出发，通过一系列未经证实的、不太可能发生的假设（限制私家车进入市中心的时间、全面禁止私家车进入），最终得出了一个极端的负面结论（城市变成“铁幕镇”，个人自由丧失）。这一系列假设之间缺乏必然的逻辑联系，也没有任何证据证明它们会逐一发生。

滑坡谬误的核心问题在于，它忽视了每个决策点的独立性和可能性，错误地将一系列事件的发生视为一个不可避免的、线性的发展过程。在实际生活中，政策的制定和社会的变化比这种简单的线性推理复杂得多，它们受到多种因素的影响和制约。因此，在评估某些政策或现象时，我们应该保持理性，避免陷入滑坡谬误的陷阱。

第九节　大家认为对的就一定是对的吗？——诉诸大众

逻辑学中的“诉诸大众”（或称为“诉诸大众谬误”“从众谬误”）指的是一种借助流行的见解、公众的热情、群体的利益或者习惯的行为方式等来使人接受其论题的论证方式。这种论证方式并不以事实为基础，或者并没有根据论据和论题之间的关系来证明论题。

“诉诸大众”谬误在日常生活中很常见，比如某些人在选择餐厅、购买产品时，会因为看到很多人都在做同样的事情而跟风。在政治和社会议题上，也常有人利用公众舆论来支持自己的立场，即使这些立场并没有充分的论据作支撑。

在一个小镇上，有一种流传已久的传统疗法，该疗法使用的草药被当地人称为“神奇草药”。这种草药被用于治疗各种小病小痛，从头痛发热到关节炎，据说都有奇效。镇上的居民们对这种草药深信不疑，每当有人生病时，他们首先想到的就是这种“神奇草药”。

有一天，一位名叫艾伦的年轻人来到了这个小镇。他是一位受过高等教育的医学研究生，对草药和传统疗法持怀疑态度。艾伦在一次偶然的机会中，听到了关于“神奇草药”的传说，于是决定进行一番调查。

艾伦拜访了多位使用过这种草药的居民，他们纷纷表示草药的效果显著，甚至有人声称它治好了自己多年的顽疾。艾伦还注意到，镇上的药店和诊所都在大力推销这种草药，似乎整个小镇都对它充满了信心。

可艾伦并没有相信这些说法。他收集了这种草药的各种详细信息，包括其成分、来源以及所谓的“疗效”。随后，艾伦利用自己的医学知识对这些信息进行了分析，发现草药中并没有任何可治疗疾病的活性成分。相反，其中一些成分甚至可能对人体有害。

尽管艾伦提出了自己的质疑，但镇上的居民并不买账。他们认为艾伦是个外来者，不懂得当地的传统和习俗。一位老人对艾伦说："你看，镇上这么多人都用过这种草药，都说它有效，难道还能有错吗？"

在这个小故事中，镇上的居民犯了一个典型的逻辑谬误——"诉诸大众"（又称为"乐队花车谬误"）。这种谬误是指因为大多数人或很多人相信某个命题，就认为这个命题是正确的。在这个故事中，镇上居民因为很多人使用过"神奇草药"并声称其有效，就认为这种草药确实可治疗疾病。

艾伦的结论（即"神奇草药"没有治疗效果）是基于对草药成分和所谓"疗效"的详细分析得出的。相比之下，镇上居民的结论则是基于"诉诸大众"的谬误得出的。

第十节　经验可靠吗？——诉诸经验

逻辑学中的"诉诸经验"（或称为"诉诸经验谬误"）指的是在论证过程中，错误地依赖个人经验、传统观念或习惯做法，而不是基于合理的逻辑推理或证据来支持一个论点。这种谬误的核心在于，它忽略了经验的局限性、个体差异以及环境变化对经验有效性的影响。

具体来说，“诉诸经验”谬误可能表现为以下几个方面。

① 盲目依赖经验：将过去的经验视为绝对真理，不加批判地应用于新情况或新问题。然而，经验往往是基于特定情境和条件的，不一定适用于所有情况。

② 忽视个体差异：不同的人在不同的环境和条件下可能会有不同的经验，因此将某个人的经验作为普遍真理来推广是不合理的。

③ 忽视环境变化：随着时间的推移和环境的变化，过去的经验可能不再适用。然而，在“诉诸经验”谬误中，这种变化往往被忽视。

④ 缺乏逻辑推理：在论证过程中，不是通过逻辑推理来支持论点，而是简单地依赖“因为以前就是这样做的”或“我/我们有过这样的经验”等理由来论证。

一位园艺学家设计了一项有趣的观察实验：他在一片封闭的花园里种植了五朵特别鲜艳的花，在花朵周围设置了一个隐蔽的感应器。每当有动物接近花朵试图采摘时，就会触发机关，感应器就会释放出一股无害但刺鼻的烟雾，以此作为警告。很快，几只松鼠发现了这些花朵，出于好奇尝试接近，结果被烟雾熏得四散而逃。几次尝试后，松鼠们便达成了共识——这些花朵是碰不得的。

随后，园艺学家引入了一只新松鼠到这个花园中。新松鼠对这片未知领域充满了好奇，尤其是对那些色彩斑斓的花朵，它毫不犹豫地靠了过去。然而，就在它即将触碰到花朵的那一刻，先前那几只松鼠迅速围了上来，用它们特有的警告方式——快速的啮齿声和高频率的跳跃，阻止了新松鼠的行动。新松鼠虽然不明所以，但在几只松鼠的一致警告下，最终还是退缩了，没有触碰到花朵。

随着时间推移，园艺学家悄悄移除了感应器，花朵周围再也没有了烟雾的威胁。花园里的其他植物开始枯萎，唯有这几朵花依然鲜艳夺目，成为花园中最吸引人的存在。然而，由于长期形成的恐惧与习惯，松鼠们即便被饥饿驱使，也始终不敢靠近那些曾经让它们吃尽苦头的花朵。尽管现在，这些花朵对于它们来说已经是安全无害的了。

这个实验不仅展示了习惯与恐惧的力量，也反映了群体行为对个体决策的重大影响。即使环境已经改变，过去的经验也可能束缚住人们探索新事物的勇气。实验中的松鼠就犯了“诉诸经验”的逻辑谬误，盲目依赖经验，忽视环境变化，我们应当在生活中避免这类错误。

第十六章 你敢挑战吗？——智力思维小游戏

思维潜力，远超想象。科学的训练方法结合有趣的游戏引导，能有效解锁它，让头脑在思考的游乐场中越练越强。智力思维小游戏不仅可以带来乐趣，还可以增长知识，提高逻辑思维水平。

第一节 女秘书

一个周末的下午，正在加班的美国某著名通信公司总裁朗克在办公室内被杀，根据现场情况分析，警方认为这一定是朗克所熟悉的人干的，因为他没有任何反抗的痕迹，神情也很自然，没有恐惧紧张的神情。所以三位总裁秘书——玛丽、琳达和莉莉都成为犯罪嫌疑人，受到警方的传讯。警方经过调查，了解到的情况是三个人当中有一个人是凶手，另一个人是同谋，第三个人则是毫不知情者。她们的供词说的都是别人，这些供词中至少有一条是毫不知情者说的，而且毫不知情者说的都是真话。她们的供词如下：

① 玛丽不是同谋。

② 琳达不是凶手。

③ 莉莉参与了此次谋杀。

这三位秘书中，哪一个是凶手呢？

如果①和②是假话，玛丽就是同谋，琳达就是凶手，莉莉是毫不知情者，那么③就是假话；如果①和③是假话，则玛丽是同谋，而莉莉是毫不知情者，琳达就是凶手了，这样②也成为假话；如果②和③是假话，则琳达是凶手，而莉莉是毫不知情者，那么玛丽就是同谋，这样①也成了假话。

那么如果毫不知情者作了两条供词。再进一步推测，如果毫不知情者作了②和③这两条供词。既然②和③是真的，那么①就是假的，可知玛丽是同谋，与③的结论相矛盾，因此这是不可能的。以此类推，可以知道莉莉是毫不知情者，琳达是同谋，玛丽是凶手。

第二节 缺一种声音

一位著名时事评论家的仆人准备早上打扫卫生，当他推开书房时，眼前出现的一幕令他魂飞魄散。他发现主人胸部中了两枪，已经倒地身亡了。仆人赶紧报警。亨利探长到达后，在现场了解情况，查找证据，法医鉴定人员经过尸体鉴定后告诉探长受害者死亡时间确定为昨晚10点左右。

正在他们说话时，书房里面的鸽子报时钟“咕咕咕”地响了，鸽子从小窗中探出头报了上午9点。警察到达现场时，现场书房中的录音机正开着，录音键也是按下的。探长将磁带倒到头重新播放，发现磁带恰好录的是昨晚10点10分结束的美国NBA巨人队和步行者队决赛的比赛实况。

亨利探长一边看着手表一边听着录音机中播放的声音，突然，他肯定地说：“受害人一定不是在这里而是在别处被杀的，凶手将尸体连同录音机一起转移到了这里，企图迷惑我们。”请问：亨利探长是根据什么得出结论的？

问题的关键就是书房中的鸽子报时钟，如果受害人真的是在书房被枪杀的，那么磁带中就理应录上了昨晚报时钟报时的鸽子叫声。之所以录音中没有鸽子的叫声，是因为凶手是在别处一边录音、一边枪杀受害人的。

第三节　奇怪的中毒事件

一天早晨，某集团的董事长死在自己的车库里。警察接到报案后到达现场进行勘查，发现死者的死因是氰化钾中毒，他是进入车库准备开车上班时，不小心吸入剧毒气体而亡的。可是，经过调查，案发那天，在那个时间段里没有人接近过他的车库，现场也未发现有任何可能用于生产和储存氰化钾的药品或容器。那么，凶犯究竟是怎么将死者毒死的呢？

调查该案件的侦探仔细观察后发现，董事长的汽车有一个轮胎已爆胎，被压得扁扁的，根据这个线索，侦探马上就识破了犯人的作案手段。你知道凶手是如何作案的吗？

事情的经过是这样的，犯人在前一天晚上悄悄溜进车库，将轮胎里充满了高压氰化钾的气体，第二天早晨，当被害人想开车上班时，发现一个轮胎气太足了，这样车跑起来可能会爆胎，太危险了，于是便拧开轮胎的气门芯准备放些气。就在这一刹那，剧毒的氰化钾气体喷射出来使董事长中毒身亡。

第四节　灌篮高手

小花、小娟、小叶和小美4人是很好的朋友，她们每个人都有一些灌篮高手的收藏画，每个人收集的数量不同，但都在5～8幅之间。有一天，小花送给另外3人中的1人一些收藏画，小娟、小叶、小美也做了同样的事情。结果每人都分别从别人那里得到了收藏画，互相赠送的收藏画数量各不相同，为1～4幅。交换后，4人手里的收藏画数量依然不相等，且在5～8幅之间。

根据以下条件，请推断：最初这4人各有几幅收藏画？每人又给谁多少幅？交换后每人又有多少幅？

① 小花最初有7幅，送给了小娟几幅。

② 小娟向某人赠送了3幅。

③ 小叶从别人那里得到1幅。

④ 小花从别人那里得到2幅。

根据已知条件，分析结果如表16-1所示。

表16-1　互赠收藏画分析结果

人物	最初收藏画数量	赠送对象	赠送数量	交换后收藏画数量
小花	7幅	小娟	4幅	5幅

续表

人物	最初收藏画数量	赠送对象	赠送数量	交换后收藏画数量
小娟	5 幅	小美	3 幅	6 幅
小叶	8 幅	小花	2 幅	7 幅
小美	6 幅	小叶	1 幅	8 幅

第五节　留学生的衬衫是什么颜色的

某大学是一所国际化高等教育机构，汇聚了来自五湖四海的学生。亚洲学生 A、欧洲学生 B 和非洲学生 C 在同一个学期入学，并迅速在学习和生活中建立了深厚的友谊。

某个晴朗的下午，三人相约前往校内新建的时尚广场购物。时尚广场售卖黄色、白色和黑色三种颜色的衬衫。在琳琅满目的商品中，他们各自根据审美选购了一件衬衫。这三件衬衫在设计上各具特色，颜色也都不同。满载而归后，他们决定在学校附近的餐厅享用晚餐。途中，经过一家大型玻璃制品店，店内的一面全身镜吸引了他们的注意。

这时，非洲学生 C 微笑着说："我挑的是白色衬衫，雪花的颜色总能让我心旷神怡。"说完，他环顾了一下身旁的两位朋友，突然发现了一个微妙的巧合，说："亚洲学生 A 的衬衫并非贴合他肤色的黄色；欧洲学生 B 的衬衫也并非贴合他肤色的白色；非洲学生 C 自己的衬衫，自然也不是贴合他肤色的黑色。”亚洲学生 A 听后，笑着回应：“是啊，我都没留意到这个巧合呢。”

根据他们的叙述，我们得知非洲学生 C 是白色衬衫的拥有者，请推断出其他两人所购衬衫的颜色。

我们可以采用类似的逻辑推理方法来解答这个问题：

① 首先，确定白色衬衫的拥有者：

—— 根据 C 的陈述，白色衬衫是他买的。

② 其次，使用排除法推断其他衬衫的颜色：

—— C 买了白色衬衫，他的衬衫不是黑色的，这一点已知。

—— A 的衬衫不是黄色的，这意味着 A 可能买了黑色或白色衬衫，但由于白色衬衫已被 C 买走，所以 A 买了黑色衬衫。

—— 剩下的 B，他的衬衫既不是贴合他肤色的白色（因为 C 已经买了白色），也不是贴合 C 肤色的黑色（这本身就是一个不可能的选项，因为 A 买的是黑色），所以 B 只能买了剩下的颜色——黄色。

所以，白色衬衫是非洲学生 C 买的，黑色衬衫是亚洲学生 A 买的，而黄色衬衫是欧洲学生 B 买的。

第六节　填字游戏

给定的圆形排列图案如图 16-1 所示，要求将这些圆形分别填上红、黄、蓝和绿色，使得：

① 每种颜色的圆形至少有 3 个。

② 每个绿色圆形都正好和 3 个红色圆形相接。

③ 每个蓝色圆形都正好和 2 个黄色圆形相接。

④ 每个黄色圆形都至少各有一处分别和红色、绿色和蓝色圆形相接。

请问如何填？

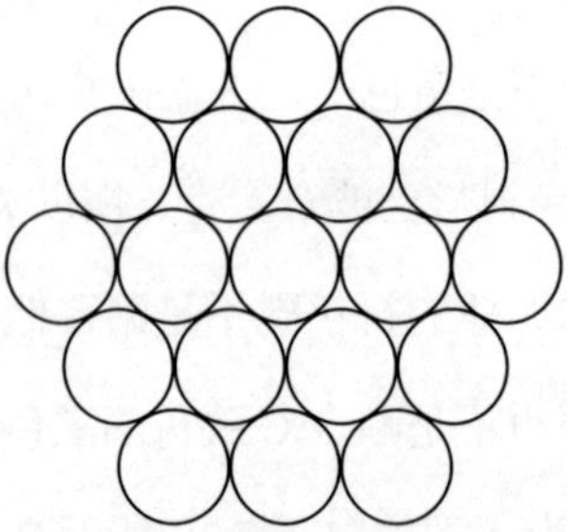

图 16-1　圆形排列图案

填写的规律如图 16-2 所示。

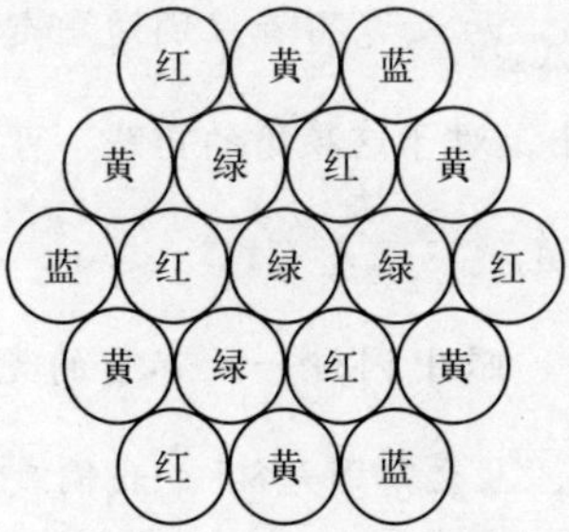

图 16-2　圆形排列图正确填写方式

第七节　“未来视界”的总部如何制服窃贼

在现代都市中，有一座繁华的摩天大楼，它是全球知名科技公司“未来视界”的总部。这家公司不仅科技水平领先，还收藏着众多价值连城的艺术品和尖端技术原型机。然而，最近一段时间，这座大楼却频遭不明人士的入侵，连公司 CEO 的私人智能手环也神秘失踪，这一事件引起了业界和警方的广泛关注。

CEO 李明辉对此事深感头疼，他加强了安保系统，增设了多重生物识别门禁和智能监控系统，但依旧未能阻止窃贼的脚步。随着时间的推移，大楼内的珍贵物品接连丢失，让整个“未来视界”笼罩在一片阴云之下。

一日傍晚，李明辉在公司顶层的观景台上偶遇了他的好友兼首席策略官张伟。两人边品着红酒边聊起了最近的烦心事。“张兄，你智计百出，对于这狡猾的窃贼，可有什么妙计？”李明辉忧心忡忡地问道。

张伟微微一笑，眼中闪过一丝睿智的光芒：“李兄，自古道‘水至清则无鱼，人至察则无徒’。我们或许可以反其道而行之。”他压低声音继续说道：“我建议我们暂时撤除部分显眼的安保力量，让大楼看起来更容易得手。同时，在核心区域布下天罗地网，利用最新的隐形监控技术和心理战术，诱使那窃贼自投罗网。”

那么张伟是如何制服“未来视界”的窃贼的呢？

张伟的计策很出人意料。在他的安排下，公司对外宣布了一系列“安全调整”措施，包括减少夜间巡逻人员、公开部分监控盲区等，一时间舆论哗然。

就在众人以为“未来视界”将陷入更大危机之时，那个神秘的窃贼再次现身了。他自信满满地穿梭于大楼之中，却未曾察觉自己已经步入了精心设计的陷阱。当他试图接近那台最新研发的技术原型机时，四周的隐形屏障瞬间启动，将他困在了一个透明的牢笼之中。同时，隐藏的安保人员迅速出现，将窃贼成功制服。

事后，警方根据窃贼的供述，一举捣毁了一个长期潜伏的高科技盗窃团伙。而“未来视界”也因此事名声大噪，不仅保住了公司财产，更彰显了其高超的安全策略与智慧。李明辉对张伟的妙计赞不绝口，两人相视一笑，继续并肩前行在科技与创新的道路上。

第八节　酒吧事件

甲、乙、丙和丁四人在酒吧里围坐在一张长方形桌子前喝酒，突然丁中毒身亡，酒吧连忙报案，警方到达后封锁了现场，并对甲、乙、丙进行了讯问。对于警方的讯问，每人各作了如下的两条供词。

甲：我坐在乙的旁边。不是乙就是丙坐在我的右侧，这个人不可能毒死丁。

乙：我坐在丙的旁边。不是甲就是丙坐在丁的右侧，这个人不可能毒死丁。

丙：我坐在丁的对面。如果我们当中只有一个人撒谎，那这人就是毒死丁的凶手。

警方在和酒吧的侍者交谈之后，证实他们中只有一个人撒了谎，也确实毒死了丁。请问：到底是谁毒死了丁？

经过推理，四人的坐法如图 16-3 所示，所以是丙毒死了丁。

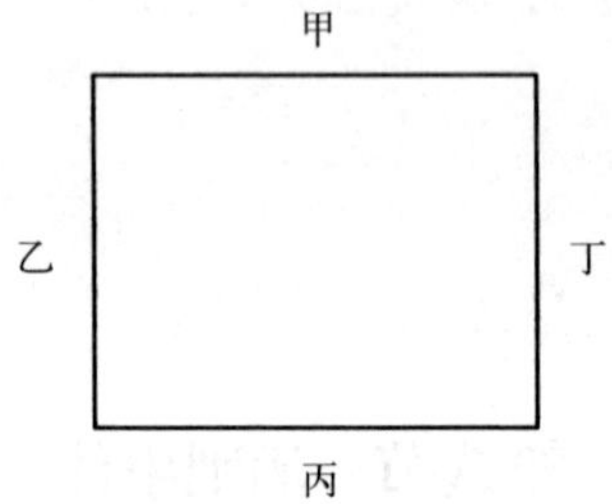

图 16-3　座位图

第九节　超市盗窃

一天，某社区超市的监控器坏了，但超市仍在正常营业，店长在巡视的时候发现店里少了一盏台灯，怀疑被偷走了，就报了警。警方经过缜密的调查，认为甲、乙和丙都是嫌疑人，三个人在不同的时间分别受到警方的传讯，各作了一条供词。具体如下：

① 甲没有偷东西。

② 乙说的是真话。

③ 丙在撒谎。

供词①是最先讲的，供词②③不一定是按讲话时间的先后顺序，但它们都是针对在其前面所作的供词讲的。目前只知道，他们每个人作的供词，都是针对另一个怀疑对象，而且盗窃者就是他们其中的一个，盗窃者作了伪证。

请问：这三个人当中谁是偷台灯的人？

根据他们提供的供词，可得出下面两种可能。

第一种情况：

① 乙说："甲没有偷东西。"

② 丙说："乙说的是真话。"

③ 甲说："丙在撒谎。"

第二种情况：

① 丙说："甲没有偷东西。"

② 乙说："丙在撒谎。"

③ 甲说："乙说的是真话。"

对于第一种情况，②支持①；而③否定②，进而否定①。所以，供词就变成了：

① 乙说："甲没有偷东西。"

② 丙说："甲没有偷东西。"

③ 甲说："甲是有罪的。"

显然，第一种情况是不可能的。

对于第二种情况，②否定①，③肯定②进而否定①。所以，供词就变成了：

① 丙说："甲没有偷东西。"

② 乙说："甲偷东西了。"

③ 甲说："甲是有罪的。"

根据已知条件得知：假设"甲有罪"，那么甲说了真话且是有罪的，显然这是不可能的。假设"甲没有偷东西"，那么甲是无辜的，乙和丙中必有一个人是有罪的，且乙撒了谎，所以乙是盗窃者。

第十节　圣诞舞会

社区组织圣诞舞会，一共有 19 个人参加。中间休息的时候，罗文先生看到丽莎一个人站在角落里喝酒。还没有订婚的罗文想知道丽莎属于哪一种类型的女士，看他是否还有机会追求。他将所知道的参加舞会的人的情况整理如下：

① 有 7 人是单独一人来的，其余的都是和伴侣一起来的。和伴侣一起来的，双方或是已订婚，或是已结婚。

② 凡单独前来的女士都没有订婚。

③ 凡单独前来的男士都不处于订婚阶段。

④ 参加舞会的男士中，处于订婚阶段的人数等于已婚的

人数。

⑤ 单独前来的已婚男士的人数和单独前来的尚未订婚的男士的人数相等。

⑥ 在参加舞会的已婚、处于订婚阶段和尚未订婚这三种类型的女士中，丽莎属于人数最多的那种类型。

根据上面的信息可知有 6 对伴侣，我们假设 X 是已婚女士的人数，那么 $6-X$ 等于处于订婚阶段女士的人数，还等于处于订婚阶段男士的人数，还等于已婚男士的人数。

如果 Y 是单独前来的已婚男士的人数，那么已婚并和夫人一起来的男士的人数加上单独来的已婚的男士的人数，等于已婚男士的总人数：$X+Y=6-X$。于是，单独前来的已婚男士的人数等于 $6-2X$。舞会上没有订婚的女士的人数则等于 $7-(6-2X)-(6-2X)$，即 $4X-5$。

由于 $4X-5$ 等于还没有订婚的女士人数，所以 X 不能等于 0 或者 1。而罗文是还没有订婚的男士，于是 X 不能大于 2，否则还没有订婚的男士的人数（$6-2X$）将成为 0 甚至是负数。所以 X 必定等于 2。因此，这次舞会上有 2 位已婚的女士、4 位处于订婚阶段的女士和 3 位还没有订婚的女士。至此我们知道丽莎是一位已经订婚但还没有结婚的女士，看来罗文先生没什么机会了。

第十一节 预测机

人工智能专家发明了一个预测机，任何一个人都可以问它一小时之内会不会发生某件事。如果预测机预知这件事会发生，就亮绿灯，表示“会发生”；若亮红灯，就表示“不会发生”。该预测机一经推出就受到很多人的欢迎，特别是警察局的警员，因为这样可以减轻他们的工作量。只有局长不高兴，因为他知道预测机根本就不可靠，实际上就是一个哗众取宠的玩具，用一句话就可以验证其真假。

那么，你知道局长想到了一句什么话吗？

局长说：“预测机下一次预测会亮红灯。”如果预测机亮红灯表示“不会发生”，那么预测机就预测错了，因为事实上它已经亮起了红灯。如果它亮绿灯，表示“会发生”，这也错了，因为实际上亮的是绿灯，而不是红灯。这样预测机就预测不准确了。

第十二节 帽子的颜色

有3顶黑帽子和2顶白帽子。3个人（甲、乙、丙）站成一排，甲站在最前面，乙站在中间，丙站在最后。每个人只能看到站在自己前面的人（如果有的话）的帽子颜色，但看不到自己的和站在自己后面的人的帽子颜色。随机选择3顶帽子分配给这3个人。

丙能看到甲和乙的帽子，乙能看到甲的帽子，甲看不到任何人的帽子。乙和丙都说不知道自己帽子的颜色。

每个人需要根据自己所见来推测自己帽子的颜色。那么，甲戴着什么颜色的帽子？

让我们来具体分析一下每个人的情况。

丙的视角：如果丙看到甲和乙都戴的是白帽子，那么丙就能确定自己戴的是黑帽子（因为只有2顶白帽子）。但丙说他不知道自己帽子的颜色，说明甲和乙不可能都戴白帽子。

乙的视角：乙听到丙不知道自己帽子的颜色，知道丙看到的情况并非“甲和乙都戴白帽子”。此时，如果乙看到甲戴的是白帽子，由于只剩下1顶白帽子，乙就能确定自己戴的是黑帽子。但乙也不知道自己帽子的颜色，说明甲戴的不是白帽子。

甲的视角：甲听到丙和乙都不知道自己帽子的颜色。根据前面的推理，甲知道丙没有看到两顶白帽子（否则丙就能确定自己戴黑帽子），这意味着甲自己戴的不是白帽子（因为如果甲戴白帽子，乙就能确定自己戴了黑帽子）。

通过上述逻辑推理，甲得出自己不可能戴白帽子，因此他确定自己戴的是黑帽子。

所以，甲的帽子的颜色是黑色。通过逻辑推理和排除法，可以利用有限的信息得出准确的结论。

第十三节　探险者的谜题游戏

在一次户外活动中，教练与 D、E、F 三位探险者玩起了一个有趣的谜题游戏。他们准备了五件装备，其中三件是防水外套（蓝色），两件是轻便雨衣（绿色）。其中三件装备被随机地分配给了这三位探险者，每人一件，而剩下的两件颜色和类型并未告知任何人。每位探险者都只能看见自己前面探险者背上的装备，但无法看见自己或身后探险者的装备。F 站在最前面，E 站在 F 的后面，D 则站在最后，能看见 E 和 F 的装备。

教练开始提问，想知道是否有人能准确说出自己身上装备的颜色和类型。

D 首先摇了摇头，说："我不知道我身上的装备是什么颜色和类型。"

接着，E 也表示疑惑，回答：“我也不知道。”

最后，F 在短暂的思考后，自信地宣布：“我现在能确定我身上装备的颜色和类型了。”

现在，我们来分析 F 是如何推断出自己身上装备的颜色和类型的。

如果 D 看到 E 和 F 都背着绿色雨衣（即轻便雨衣），他会立刻知道自己背的是蓝色防水外套，因为游戏中只有两件绿色雨衣。但 D 说自己不知道，这意味着 E 和 F 不可能同时穿着绿色雨衣。

E 在听到 D 的回答后，如果他看到 F 背着绿色雨衣，那么他会推断出自己背的是蓝色防水外套（因为总共只有两件绿色雨衣，而 D 已经表示不确定，说明他没看到两件绿色雨衣）。但 E 也表示不确定，说明他看到的 F 的装备并非绿色雨衣，即 F 背的是蓝色防水外套。

F 听到 D 和 E 的回答后，进行了如下推理：D 的不确定表明 E 和自己之间至少有一人没背绿色雨衣；E 的不确定则进一步确认了自己背的是蓝色防水外套，因为如果自己背的是绿色雨衣，E 就能确定自己背的是蓝色防水外套了（因为总共只有两件绿色雨衣）。

因此，F 推断出自己身上背的是蓝色防水外套。

第十四节　观看动物表演的推理

有一天，几个家庭相约前往动物园观看动物表演。其中家长共有四位，两男两女，他们分别名为布莱恩、卡尔，以及莉莉和索菲娅；孩子共有四位，分别是奥利弗、艾米丽、乔治、伊莎贝拉。

在观赏表演时，他们选择坐在一排，并且每四个人组成一个小组，共需分成两组，每组至少有两位家长。但在分组的过程中，他们需遵循两个规定：来自同一家庭的家长与孩子不能都在同一组；艾米丽不能和布莱恩同组。

基于上述条件，请思考以下哪个选项是准确的。

① 有一个家庭的孩子独自坐在一组中。

② 索菲娅与一个男性家长同组。

③ 有一组完全由成年人组成。

④ 卡尔和艾米丽在同一组。

⑤ 莉莉那组包含了两个孩子。

请运用你的逻辑推理能力来选择正确的选项。

首先我们分析题目中的关键信息和分组要求。

总人数：家长四人（两男两女），孩子四人。

分组方式：每四人一组，共两组。

分组规定：

来自同一家庭的家长与孩子不能都坐在同一组；

艾米丽不能和布莱恩同组。

接下来，我们根据这些信息进行逻辑推理：

（1）分析分组可能性

因为总人数为八人，需要平均分成两组，所以每组必须包含四人。

（2）考虑第一个规定的影响

来自同一家庭的家长与孩子不能都在同一组，这增加了分组的复杂性，但不影响基本的人数分配。

（3）考虑第二个规定的影响

艾米丽不能和布莱恩同组，这进一步限制了分组的可能性。

（4）逐一分析选项

① 有一个家庭的孩子独自坐在一组中：由于每组必须包含

四人，且至少有两位家长，所以不可能有孩子独自坐在一组中。此选项错误。

② 索菲娅与一个男性家长同组：这是可能的，因为每组需要包含两名家长，且性别不限，只要避免同一家庭的成员同组即可。此选项可能正确，但需要根据具体分组情况进行确认。

③ 有一组完全由成年人组成：由于每组必须包含四人，至少有两位家长且分别有四个孩子和四个家长，所以不可能有一组完全由成年人组成。此选项错误。

④ 卡尔和艾米丽在同一组：这取决于具体的分组情况，但题目中没有给出足够的信息，无法直接推断他们是否会在同一组。然而，由于艾米丽不能和布莱恩同组，这可能会间接影响卡尔和艾米丽的分组情况。但仅凭这些信息，我们不能确定他们是否一定在同一组。不过，考虑到此选项的绝对性，且没有其他条件可以直接支持这一选项，我们可以暂时认为此选项可能错误（在特定分组下可能成立）。

⑤ 莉莉那组包含了两个孩子：考虑到每组四人的要求，且没有规定哪个家长必须和哪个孩子同组，所以莉莉那组包含两个孩子是完全可能的。此选项可能正确。

根据以上分析，我们可以确定：

a. ①和③是错误的。

b. ②和⑤在逻辑上是可能的，但②的正确性取决于具体的分组情况，而⑤则更直接地符合题目要求的分组模式。

c. ④由于其绝对性和缺乏直接支持条件，可以暂时认为此选项可能错误（尽管特定分组下可能成立）。

在没有具体分组方案的情况下，我们可以选择最直接的且符合题目要求的选项。因此，⑤是最有可能且正确的选项，因为它直接符合了分组人数和避免同一家庭成员全部同组的要求。

所以，正确答案是⑤莉莉那组包含了两个孩子。

第十五节　清华大学

某市红星中学的四位老师在高考前对某毕业班学生的前景进行推测，他们特别关注班里的两个尖子生。

张老师说："如果余涌能考上清华，那么方宁也能考上清华。"

李老师说："依我看这个班没有人能考上清华。"

王老师说："不管方宁能否考上清华，余涌都考不上清华。"

赵老师说："我看方宁考不上清华，但余涌能考上清华。"

高考的结果证明，四位老师中只有一人的推测成立。

如果上述断定是真的，则以下哪项也一定是真的？

A. 李老师的推测成立。

B. 王老师的推测成立。

C. 赵老师的推测成立。

D. 如果方宁考不上清华大学，则张老师的推测成立。

E. 如果方宁考上了清华大学，则张老师的推测成立。

正确答案是 E。题目中张老师和赵老师的推测形式分别是“如果 P 则 Q”和“P 且非 Q”，两种推测互相矛盾。根据矛盾律和排中律，其中必有一个推测成立且只有一个成立，另一个不成立。再根据条件，四人中只有一人的推测成立，因此，李老师和王老师的推测均不成立，即事实上余涌考上了清华。因此，如果方宁考上了清华，则张老师的推测成立，即 E 项为真。

第十六节　谁是凶手

有一个家庭，家里只有一个母亲带着两个女儿生活，父亲很早就去世了。很不幸，有一天她们的母亲也因病去世了，悲伤的姐妹为母亲举行了葬礼。妹妹在葬礼上对一个英俊的男子一见倾心，但是葬礼之后，那个男子就没有再出现过，妹妹用尽一切办法寻找也没能找到他。过了一个月，姐姐竟然也去世了。经警方调查，是妹妹杀死了姐姐。为什么？

其实故事中妹妹杀人的动机是一个很简单的“三段论”推理。妹妹杀死姐姐的动机是姐姐死后，那个英俊的男子就会出现在姐姐的葬礼上。妹妹杀死姐姐的动机就是整个“三段论”中的结论。“母亲去世，男子出现在母亲的葬礼上”和“这样一个三口之家，姐姐与母亲对男子的重要程度相当”是推出结论的两个必要的前提。这也就不难理解故事中的妹妹为什么会去杀死自己的姐姐了。

推理是法官在认定案件事实过程中的关键手段，其在司法实践中的作用至关重要。诸多案例表明，法官正是通过严谨的推理，方使待证事实得以最终确立。

第十七章 逻辑思维小测验

第一节　数学推理和运算

1. 有一个数列，但其中缺少一项，要求仔细观察数列的排列顺序，然后从四个选项中选择你认为最合理的一项，来填补空缺，使之符合数列的排列规律。

4　2　12　28　80　(　　)

A. 124　　B. 96　　C. 216　　D. 348

2. 1　2　3　5　(　　)

A. 7　　B. 4　　C. 8　　D. 12

3. 2023 年小王连续工作 24 天，共获得报酬 1900 元（日工资 100 元，星期六半天工资 50 元，星期日休息无工资）。已知小王的工作是从 1 月下旬的某一天开始的，这个月的 1 号恰好是星期日，小王工作结束的那一天是（　　）。

A. 2月6日　　B. 2月14日

C. 2月18日　　D. 2月21日

4. 巴士经过由甲地到乙地的一条线路，全程行驶时间为42分钟，到达总站后，司机至少休息10分钟，接着巴士就掉头行驶。如果甲、乙两地总站每隔8分钟都发一辆巴士（不必是同一时间），则这条线路至少需（　　）辆巴士。

A. 15　　B. 14　　C. 13　　D. 12

5. 一列车队共52辆，每辆车长4米，前后每辆车相隔6米，车队每分钟行驶105米。这列车队要通过536米长的场地，需要（　　）分钟。

A. 12　　B. 11　　C. 10　　D. 9

6. 编号为1至10的十个果盘中，每盘都盛有水果，共盛放100个水果，并且编号相邻的三个果盘中水果数的和都相等。其中第一盘里有16个，第八盘中水果最多可能有（　　）个。

A. 11　　B. 12　　C. 13　　D. 14

7. 某班共有44人进行投票，从A、B、C、D、E五位候选人中选班长。A得选票23张，B得到的选票数量居第二位，C、D得票相同，E得选票最少，得4票，那么B得选票（　　）张。

A. 5　　　　B. 6　　　　C. 7　　　　D. 8

8. 某玩具店第一天卖出玩具小狗 98 个，每个获得利润 44 元 1 角；第二天卖出玩具小狗 133 个，获得的利润是成本的 40%。已知第一天卖玩具小狗所得的收入和第二天所得的一样多，那么每个玩具小狗的成本是（　　）元。

A. 54　　　　B. 50　　　　C. 49　　　　D. 45

第二节　图形推理

请从所给的四个选项中，选择最适合的一个填在括号里，使之呈现一定的规律性。

9.（　　）

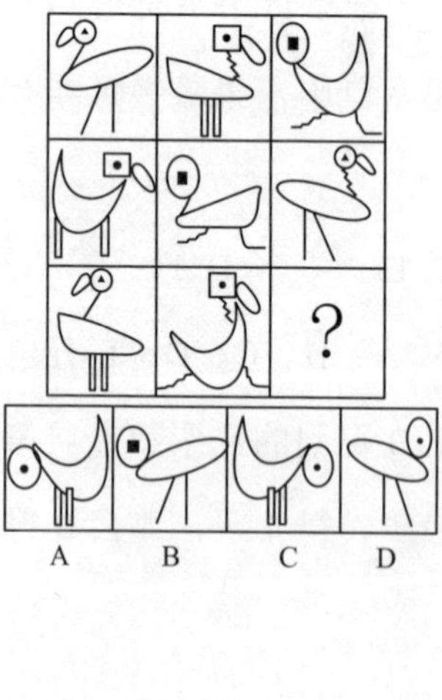

A　B　C　D

10.（　　）

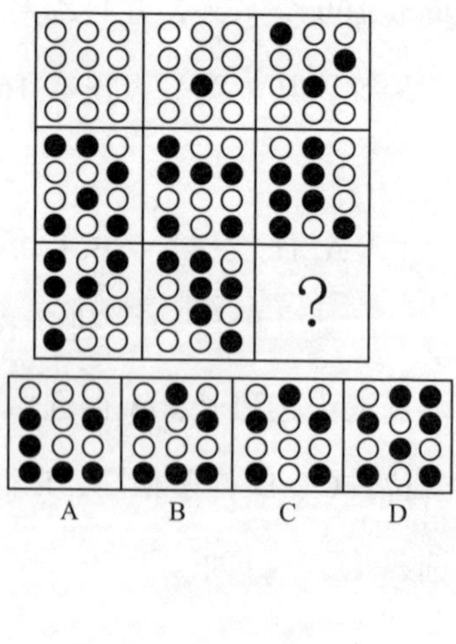

A　B　C　D

11.（ ）

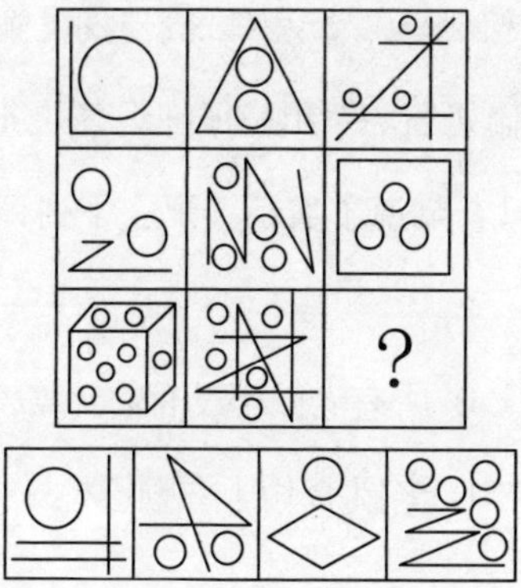

A B C D

12.（ ）

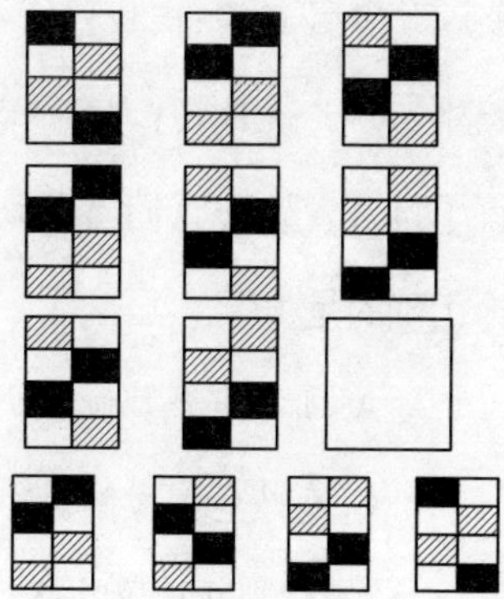

A B C D

第三节 逻辑思维

13. 鞋子是什么颜色的？

周末小丽网购了一双漂亮的鞋子，快递送来时，她的朋友们还都没有见过这双鞋，于是大家就猜鞋子会是什么颜色。小红说："你买的鞋不会是红色的。"小兰说："你买的鞋子不是黄色的就是黑色的。"小玲说："你买的鞋子一定是黑色的。"这三个人的看法中至少有一种是正确的，至少有一种是错误的。请问，小丽的鞋子到底是什么颜色的？

14. 谁偷了奶酪？

有四只小老鼠饿了，商量好一块出去偷食物，回来时组长问它们都偷了什么食物。老鼠A说："我们每只老鼠都偷了奶酪。"老鼠B说："我只偷了一颗樱桃。"老鼠C说："我没偷奶酪。"老鼠D说："有些老鼠没偷奶酪。"组长仔细观察并进行了推理，发现它们当中只有一只老鼠说了实话。那么下列评论正确的是（　　）。

A. 所有老鼠都偷了奶酪　　B. 所有老鼠都没有偷奶酪

C. 有些老鼠没偷奶酪　　D. 老鼠B偷了一颗樱桃

15. 怎样判断正确的路？

一个人站在岔路口，这个路口分别通向A国和B国，这两个国家的人非常奇怪，A国的人总是说实话，B国的人总是说谎话。路口站着一个A国人和一个B国人：甲和乙。但是不知道他们分别来自哪个国家，现在这个人要去B国，但不知道应该走哪条路，需要问这两个人，只许问一句。他怎么样才能判断出正确的路？

16. 谁和谁是双胞胎？

在老北京一条胡同的大杂院里，住着四户人家，巧合的是每家都有一对双胞胎女孩。这四对双胞胎中，姐姐分别是A、B、C、D，妹妹分别是a、b、c、d。一天，一对外国夫妇来到这个大杂院里，看到她们八个，忍不住问："你们谁和谁是一家的啊？"

B说："C的妹妹是d。"

C 说：“D 的妹妹不是 c。”

A 说：“B 的妹妹不是 a。”

D 说：“他们三个人中只有 d 的姐姐说的是事实。”

如果 D 的话是真话，你能猜出谁和谁是双胞胎吗？

17. 如何分酒？

一个人晚上出去买了 10 斤酒，回家的路上碰到了一个朋友，恰巧这个朋友也是去买酒的。不过，小店已经没有多余的酒了，且此时天色已晚，别的酒家也都关门了，朋友看起来十分着急。于是，这个人便决定将自己的酒分给朋友一半，可是朋友手中只有一个 7 斤和一个 3 斤的装酒的酒桶，两人又都没有带秤，如何才能将酒平均分开呢？

18. 赔了多少？

一天，小赵的商店里来了一位顾客，顾客挑了 20 元的货，拿出 50 元给小赵，小赵没零钱找不开，就到隔壁小韩的店里把这 50 元换成零钱，回来给顾客找了 30 元零钱。过了一会儿，小韩来找小赵，说刚才小赵的 50 元是假钱，小赵马上给小韩换了张真钱。

问：在这一过程中小赵赔了多少钱？

19. 怎么猜到的？

幼儿园一老师带着 7 名小朋友做游戏，她让 6 个小朋友围成一圈坐在操场上，让另一个小朋友坐在中央。老师拿出 7 块头巾，其中 4 块是红色，3 块是黑色。然后她蒙住 7 个人的眼睛，把头巾包在每一个小朋友的头上，解开周围 6 个人的眼罩。由于坐在中央的小朋友的阻挡，每个人只能看到 5 个人头上头巾的颜色。这时，老师说："你们现在猜一猜自己头上头巾的颜色。"大家思索好一会儿，没有一个人能猜到自己头巾的颜色。最后，坐在中央的被蒙住双眼的小朋友说："我猜到了。"

问：被蒙住双眼坐在中央的小朋友头上是什么颜色的头巾？他是如何猜到的？

20. 张龙的职称和性别是什么？

张龙所在学院教授和助教共有 16 名。但是张龙的职称和性别计算在内与否都不会改变下面的信息：

① 助教多于教授；

② 男教授多于男助教；

③ 男助教多于女助教；

④ 至少有一位女教授。

请根据以上信息判断张龙的职称和性别。

提示：确定一种不与题目中任何陈述相违背的关于男、女助教，男、女教授的人员分布情况。

附录 1
逻辑思维有效训练方法

第一节　以多元思考法提高思考能力

多元思考法，是指不要认为每件事情只有一种答案，从多方面思考，可能会有多种答案。擅长运用多元思考法的人，善于从不同角度与观点分析，找到问题的答案，即使遇到再大的难题，也能找出解决办法。那么，该如何培养多元思考能力呢？下面提出了几个可行的方法：

（1）注意不要变成“被煮熟的青蛙”

冬天的时候青蛙不小心掉进火锅中，火锅刚开始加热时，水温只有 20℃，青蛙觉得很舒服！后来随着时间推移，水温在慢慢升高，但是由于水温变化缓慢，已经习惯了的青蛙虽然觉得越来越热，有点难受，却懒得跳出来。结果可想而知，这只青蛙最后被煮熟了。

在我们的工作与生活中，其实也有类似状况。年轻的时候，我们充满了干劲和闯劲，但是随着时间的推移，一旦适应了，就有些不思进取了。有时遇到经济危机，出现公司裁员的情况，也会侥幸地想“不会裁到我身上”，认为“只要忍一忍就过去了”。等到问题严重到不可收拾的程度，早已回天乏术。所以，工作中必须时刻提醒自己，绝对不可变成“被煮熟的青蛙”。

（2）从不同立场进行思考

一般人通常都会有相对固定的思考模式。但是固定的思考模式，容易顾此失彼，失去多元思考的弹性。所以我们需要在生活和工作中锻炼多元思考能力，抛弃过去的思维习惯，换个角度重新思考，找到新的解决问题的方法。

（3）养成边写边思考的习惯

有好想法、好点子时随时记录下来，也是培养多元思考能力的有效方法。我们常说的“好记性不如烂笔头”就是这个意思。仅在头脑中思考，容易使想法产生偏差或陷入局限；而将思路书写下来，则有助于把握整体框架，梳理逻辑脉络，并能更清晰地发现其中的不足与需改进之处。

第二节　提高逻辑思考能力

提高逻辑思考能力就是要提高理论思考能力。理论思考训练法，包括“由宏观到微观”“MECE 思考法”“使用逻辑树状图”等具体方法。

（1）“由宏观到微观”思考法

即从整体到细节的思考方法，要避免所谓的“盲人摸象”，防止没有掌握事情的整体，只好以偏概全地进行错误想象。

(2) MECE 思考法

养成“由宏观到微观”的思考习惯后，可以进一步学习“MECE”思考模式。简单讲，所谓“MECE”就是，处理事情能够毫无遗漏、毫无重复。有“遗漏”就会错失机会；“重复”

则会白白浪费力气。

（3）使用逻辑树状图

“逻辑树状图”可以说是逻辑思考方法的集成方法。使用它可以有效处理事情的“大小关系”“因果关系”与“阶层关系”。

第三节　提高创造思考能力

点子不多、思考能力不强的人在企业很难得到赏识和提拔。如何提升自己的创造与思考能力呢？

（1）经常脑力激荡

一般人之所以点子不够多，主要是受常识与成见的不当影响。而破除的方法很简单，就是活用脑力激荡。脑力激荡也就是通常所说的“头脑风暴”，许多企业喜欢用头脑风暴的方式，推出新的工作方案，规划未来发展方向。

进行脑力激荡时需要做到：让各种点子尽量迸发出来。模仿“接龙”方式，参考其他领域、其他产品，局部改良别人的点子，形成新的创意。比如，讨论“空罐子的使用方式”这个问题时，有人说用来“装水”当作茶杯。此时就可从“装”这个字延伸想到空罐子不只可以“装水”，也可“装土”，也就是当作花盆。然后按照同样的道理，空罐子也能用来“装烟灰”，变成“烟灰缸”……这样才能实现无限可能。

（2）整理提出的新点子

根据研究，思考新点子，可让右脑活化；整理点子的过程属于论理，能促进左脑的灵活使用。因此，想出点子之后加以整理，即可同时训练左脑与右脑。另外，点子必须经过衡量以及其他人的考验。如果没有记录、整理，就无法经过其他人的审核和考验，这样的点子通常用处不大。

（3）进行“重点化”与“分类”

活用点子，一定要经过“重点化”与“分类”的处理过程。“重点化”处理，就是应区别“有用的点子”和“没用的点子”，并且将各种点子排定优先顺序，把最有用的先挑出来。“分类”则是将性质类似的点子放在一起，如此才能清楚呈现点子的特色。

脑力激荡是否一定要通过开会聚集许多人才能操作？其实

即使只有一个人也能达成脑力激荡的效果。人多可能会提出更多的想法和点子，但是也就会需要更多的“重点化”与“分类”的处理工作。

当然，一个人进行脑力激荡，难度较高，所以必须养成习惯。比如，不妨每天用 5 分钟练习脑力激荡思考法，针对一个主题，3 分钟之内想出 20 个解决办法，5 分钟之内想出 30 个解决途径，等等。长此以往，养成脑力激荡的习惯，思考与创造能力自然会获得提升。

附录 2

逻辑思维小测验答案

1.【答案】C。解析：12 =（4+2）× 2，28 =（2+12）× 2，80 =（12+28）× 2，216=（28+80）× 2。

2.【答案】C。解析：每一项都等于它前面两项的和。

3.【答案】C。解析：每 7 天工资为 5 × 100+50=550（元），一共有 24 ÷ 7 ≈ 3（周），此外还剩下 3 天，而 3 周的工资为 3 × 550=1650（元），所以剩下的 3 天中赚了 1900−1650=250（元），小王应该是在周四开始工作。由于他是从 1 月下旬某一天开始的，所以这一天应该为 1 月 26 日，故他在 2 月 18 日结束工作。

4.【答案】C。解析：一辆车在一总站发车，到下一次再在这个总站发车，需要（42+10）× 2 = 104（分钟），104 ÷ 8 = 13（辆）。

5.【答案】C。解析：车队行驶的路程等于场地的长度与车队长度的和。

6.【答案】A。解析：编号相邻的三个果盘中共有水果（100−16）÷3=28（个），其中1、4、7、10号盘水果数相等，2、5、8号盘水果数也相等。而2、3号盘水果总数为28−16 = 12（个）。

7.【答案】C。解析：B、C、D的选票共44−23−4=17（张）。由E得选票最少为4票可知，C、D的选票至少各5张；但如果C、D的选票超过5张，那么B、C、D的选票超过6+6+6=18（张），这不可能。所以C、D各得5票，B得17−5−5=7（张）。

8.【答案】C。解析：由题意知，第二天1个玩具小狗的售价，等于1.4个玩具小狗的成本。售出133个，等于收回了（133×1.4）个玩具小狗的成本。根据题意，第一天的总利润等于（133×1.4−98）个玩具小狗的成本。故知，每个玩具小狗的成本是44.1×98÷（133×1.4−98）= 49（元）。

9.【答案】B。解析：每一行构成3只鸟的基本图形元素相同，但是组合不同。所以，依据这一规律，选B。

10.【答案】A。解析：逐行观察，每一个图形都由前一个图形变化而来，圆圈由黑变白和由白变黑都算作一次变化，变化的次数依次为1 ～ 8。所以，依据这一规律，选A。

11.【答案】B。解析：每一行、每一列的图形中，圆圈数都比其中的线条数少 1。所以，依据这一规律，选 B。

12.【答案】D。解析：每行第一个图形中各方块向下移动一格得到第二个图形，第二个图形依法得到第三个图形。所以，依据这一规律，选 D。

13.【答案】黄色。假设小丽的鞋子是黑色的，那么三种看法都是正确的，不符合题意；假设鞋子是黄色的，前两种看法是正确的，第三种看法是错误的；假设鞋子是红色的，那么三句话都是错误的。因此，小丽的鞋子是黄色的。

14.【答案】A。假设老鼠 A 说的是真话，那么其他三只老鼠说的都是假话，这符合题中仅一只老鼠说实话的前提；假设老鼠 B 说的是真话，那么老鼠 A 说的就是假话，因为并不是每只老鼠都偷了奶酪，老鼠 D 说的话也成了真话，不符合题中仅一只老鼠说实话的前提；假设老鼠 C 或 D 说的是实话，这两种假设只能推出老鼠 A 说假话，与前提不符。所以 A 选项正确，所有的老鼠都偷了奶酪。

15.【答案】推理如下。如果甲是 A 国人，说的是真话，题中的人问甲："如果我问乙哪条路是正确的路，他会指哪条路？"这样乙说的路就是错误的，另一条路就是正确的。如果甲是 B 国人，说的是假话，用同样的问题问甲，因为乙说真话，甲会和乙的答案相反，那么另一条路就是正确的。

16.【答案】推理如下。假设 B 说的是事实，则 C 就是 d

的姐姐，按D的说法C也为真，那么会出现有两个人说的是事实的情况，与题意矛盾，所以B说的不是事实，同时也知道C不是d的姐姐，则B、C的话都是假的，所以只有A说的是真话，则A就是d的姐姐，A说B的妹妹不是a，又不可能是d，所以B的妹妹只可能是b或c，根据C说的假话可知D的妹妹就是c，B的妹妹就是b，最后C的妹妹是a。

17.【答案】推理如下。第一步，先将10斤酒倒满7斤桶，再将7斤桶里的酒倒满3斤桶；第二步，将3斤桶里的酒全部倒入10斤桶，此时10斤桶里共有6斤酒，而7斤桶里还剩4斤；第三步，将7斤桶里的酒倒满3斤桶，再将3斤桶里的酒全部倒入10斤桶里，此时10斤桶里有9斤酒，7斤桶里只剩1斤；第四步，将7斤桶里剩的酒倒入3斤桶，再将10斤桶里的酒倒满7斤桶，此时3斤桶里有1斤酒，10斤桶里还剩2斤，7斤桶是满的；第五步，将7斤桶里的酒倒满3斤桶，即倒入2斤，此时7斤桶里就剩下了5斤，再将3斤桶里的酒全部倒入10斤桶，这样就将酒平均分开了。

18.【答案】80元。首先，顾客给了小赵50元假钞，小赵没有零钱，换了50元零钱，此时小赵并没有赔，当顾客买了20元的东西，由于50元是假钞，此时小赵赔了20元。换回零钱后小赵又给顾客30元，此时小赵赔了20+30=50（元）。当小韩来索要50元时，小赵手里还有换来的20元零钱，他再从自己的钱里拿出 30 元即可，此时小赵赔的钱就是 50+30=80（元），所以小赵一共赔了 80 元。

19.【答案】红色。周围的 6 个人只能看到 5 个人头上头巾的颜色，由于中间那个小朋友的阻挡，每个小朋友都无法看到与自己正对面小朋友的头巾颜色，且他们无法判断自己头巾的颜色，证明他们所看到头巾的颜色是 3 红 2 黑。剩下 1 黑 1 红是他们和自己正对着的人的头巾颜色，这就说明处于正对面的两个人都包着颜色相反的头巾，那么中间的人就只能包红色头巾。

20.【答案】女助教。首先，由于教授和助教的总数是 16 名，从条件①和④得知，助教至少有 9 名，男教授最多有 6 名；按照条件②，男助教必定不到 6 名。根据条件③，女助教少于男助教，所以男助教必定超过 4 名；男助教多于 4 名、少于 6 名，故男助教必定正好是 5 名。于是，助教必定不超过 9 名，从而正好是 9 名，包括 5 名男性和 4 名女性，男教授则不能少于 6 名。如此，如果张龙是一名男教授，则与②矛盾；如果是一名男助教，则与③矛盾；如果把一名女教授排除在外，则与④矛盾；如果是一名女助教，则符合所有条件。因此，“张龙”是一名女助教。

参考文献

[1] 王宇. 笑死你的逻辑学 [M]. 杭州：浙江大学出版社，2012.

[2] 张斌. 思考的乐趣 [M]. 哈尔滨：哈尔滨出版社，2009.

[3] 陈书凯. 200 个聪明人的逻辑思维游戏 [M]. 北京：中国纺织出版社，2006.

[4] 派顿. 身边的逻辑学 [M]. 黄煜文，译. 北京：中信出版社，2011.

[5] 徐德清. 趣味逻辑 [M]. 上海：上海古籍出版社，2002.

[6] 彭涟漪，余式厚. 趣味逻辑学 [M]. 北京：中国青年出版社，1981.

[7] 萨默尔斯. 生活中不可思议的逻辑 [M]. 冯琦，译. 长春：长春出版社，2005.

[8] 麦克伦尼. 简单的逻辑学 [M]. 赵明燕，译. 北京：人民大学出版社，2008.

[9] 张晓芒. 日常说理的工具 [M]. 北京：企业管理出版社，2010.